KB022355

독자의 1초를
아껴주는 정성을
만나보세요!

세상이 아무리 바쁘게 돌아가더라도 책까지 아무렇게나 빨리 만들 수는 없습니다.

인스턴트 식품 같은 책보다 오래 익힌 술이나 장맛이 밴 책을 만들고 싶습니다.

땀 흘리며 일하는 당신을 위해 한 권 한 권 마음을 다해 만들겠습니다.

마지막 페이지에서 만날 새로운 당신을 위해 더 나은 길을 준비하겠습니다.

똑똑하게 코딩하는 법

C#
코딩의
기술 기본편

가와마타 아키라 지음 | 김완섭 옮김

길벗

URAGUCHI KARA NO C# JISSEN NYUMON by Akira Kawamata

Copyright © 2014 Akira Kawamata

All rights reserved.

Original Japanese edition published by Gijyutsu-Hyoron Co., Ltd., Tokyo

This Korean language edition published by arrangement with Gijyutsu-Hyoron Co., Ltd.,

Tokyo in care of Tuttle-Mori Agency, Inc., Tokyo through Botong Agency, Seoul

C# 코딩의 기술(기본편)

The C# Best Know-how VOL.1

초판 발행 · 2015년 9월 23일

초판 5쇄 발행 · 2021년 1월 20일

지은이 · 가와마타 아키라

옮긴이 · 김완섭

발행인 · 이종원

발행처 · (주)도서출판 길벗

출판사 등록일 · 1990년 12월 24일

주소 · 서울시 마포구 월드컵로 10길 56(서교동)

대표 전화 · 02)332-0931 | **팩스** · 02)323-0586

홈페이지 · www.gilbut.co.kr | **이메일** · gilbut@gilbut.co.kr

기획 및 책임 편집 · 김윤지(yunjikim@gilbut.co.kr) | **디자인** · 박상희 | **제작** · 이준호, 손일순, 이진혁

영업마케팅 · 임태호, 전선하, 차명환, 박성용 | **영업관리** · 김명자 | **독자지원** · 송혜란, 윤정아

전산편집 · 도설아 | **출력 및 인쇄** · 북토리 | **제본** · 북토리

▸ 잘못된 책은 구입한 서점에서 바꿔 드립니다.

▸ 이 책에 실린 모든 내용, 디자인, 이미지, 편집 구성의 저작권은 (주)도서출판 길벗과 지은이에게 있습니다.
  허락 없이 복제하거나 다른 매체에 옮겨 실을 수 없습니다.

▸ 이 책은 한컴 2010의 함초롱바탕 글꼴을 사용하여 디자인 되었습니다.

ISBN 979-11-86659-32-8 93560

(길벗 도서번호 006803)

정가 17,800원

독자의 1초를 아껴주는 정성 길벗출판사

(주)도서출판 길벗 | IT실용, IT전문서, IT/일반수험서, 경제경영, 취미실용, 인문교양(더퀘스트) www.gilbut.co.kr

길벗이지톡 | 어학단행본, 어학수험서 www.eztok.co.kr

길벗스쿨 | 국어학습, 수학학습, 어린이교양, T니어 이학학습, 교과서 www.gilbutschool.co.kr

페이스북 · www.facebook.com/gbitbook

옮긴이의 글

이 책은 C# 및 닷넷 프로그래밍의 노하우를 알려주는 책입니다. 코드 한 줄만 바꿔서 성능을 2,400배 끌어올릴 수 있다고 하면 분명 누군가는 거짓말이라고 할 것입니다. 하지만 실제로 가능합니다. 지도 코드를 실행해보고 진짜 가능하다는 것을 확인한 후 제 눈을 의심했습니다. 이 책은 학교에서 또는 일반적인 C# 책에서 알려주지 않는 저자의 노하우가 담긴 값진 책입니다. 이 책을 보지 않았다면 이런 비법이 있다는 것을 평생 알지 못했을 것입니다. 수년간 닷넷 개발자로 일했지만, C#과 비주얼 스튜디오에 이런 기능이 있었는지 그리고 이렇게 프로그램을 작성하는 방법이 있다는 것을 알고 놀랐습니다.

이 책은 흐름 제어를 어떻게 하고 변수를 어떻게 선언하며 배열이 무엇인지에 관해서는 가르쳐주지 않습니다. 바로 짧은 프로그램을 하나 보여주면서 이야기를 시작합니다. 따라서 어느 정도 C# 프로그래밍 경험이 있는 독자를 대상으로 합니다. 하지만 C# 입문자를 위해 곳곳에 역주를 달아서 내용을 보충했습니다(단, C#으로 작성된 간단한 코드를 읽을 줄은 알아야 합니다).

이 책은 짧은 단막극 형식으로 구성되어 있으며 재미있는 이야기를 따라가다 보면 어느새 이야기에 빠지게 되고 자연스럽게 이전에는 알지 못했던 기술을 접하게 됩니다. 그리고 이렇게 접한 기술은 (이 책을 읽지 않은) 다른 사람은 결코 알 수 없는 비법이 돼서 다른 사람보다 인정받는 C# 프로그래머로 여러분을 업그레이드시켜 줄 것입니다.

개인적으로도 이 책을 번역하게 된 것은 정말 행운이라고 생각합니다. 아직 C#이 C나 자바보다 못한 언어라고 생각하는 사람에게 특히 이 책을 추천하고 싶습니다. C#의 무한한 능력과 확장성을 쉽고 재미있게 알려주는 책입니다.

끝으로 좋은 책을 번역할 기회를 주신 길벗의 김윤지 대리님께 감사를 드립니다.

2015년 7월
김완섭

쇼를 시작하며

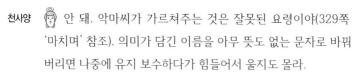

래머군   나는 C# 프로그래머인 래머군. 아~ 편하게 일하고
           싶어.

악마씨   <u>흐흐흐</u>. 내가 편하게 일할 수 있는 노하우를 가르쳐줄
           게. 예를 들면 네가 사용하고 있는 `calcSumOfProcess` 같이
           긴 이름은 사용하지 말고 그냥 a라고 한 글자로 써. 그렇게만
           해도 엄청나게 편해지지.

천사양   안 돼. 악마씨가 가르쳐주는 것은 잘못된 요령이야(329쪽
           '마치며' 참조). 의미가 담긴 이름을 아무 뜻도 없는 문자로 바꿔
           버리면 나중에 유지 보수하다가 힘들어서 울지도 몰라.

래머군   이런, 누구 말을 믿어야 하는 거지?

악마씨   유지 보수는 신경 안 써도 돼. 그건 다른 사람 일이지 네가 할 일이 아
           니야.

천사양   그렇게 생각하면 안 돼. 유지 보수 담당자도 사람이야. 게다가 너한테
           유지 보수 요청이 올 수도 있는 거고. 미래의 래머군을 울리고 싶은 건 아
           니지?

래머군   하지만 꼭 내가 유지 보수를 해야 한다는 보장은 없으니 나한테 큰 영
           향은 없을 것 같아.

악마씨   그래 맞아. 너만 행복하면 돼.

천사양   그렇게 해서는 절대 행복해질 수 없어. 디버깅을 하다가 네가 그 부분
           을 직접 고쳐야 할지도 모르잖아? 그때 코드가 이해가 안 돼서 그거 해석
           하느라 야근을 해야 할 수도 있어.

래머군   버그만 없으면 괜찮지 않아?

악마씨 맞아. 래머군. 똑똑한데!?

천사양 아니, 버그는 주의한다고 해서 피할 수 있는 것이 아니야. 그건 매우 위험한 생각이야.

래머군 악마 선생님, 잘못된 요령을 더 가르쳐 주세요.

악마씨 좋아. 널 열두 제자 중 한 명으로 임명할게(성경에 나오는 예수의 열두 제자를 빗대어 얘기한 것이다─옮긴이). 따라와.

천사양 이런! 래머군이 위험에 처했어. 도와 줘야겠어.

잘못된 요령을 가르쳐 줄게~

컴온!

도와줘야 해!

목차

1.6 **루프할 필요가 없는 루프**

2장 라이브러리 문제 177

목차

2.11 루프와 로직이 섞여 있을 때

줄넘기하면서
수를 판별하는 건
우리야~

2 3 5

3장 **개발 환경 문제** · · · · · · · · · **237**

목차

문의 게시판 안내 길벗 홈페이지(www.gilbut.co.kr)에 접속한 다음 '독자지원/자료실 → 자료/문의/요청'에서 도서 제목으로 검색하기 바랍니다. 내용 문의 및 오타나 오류를 제보할 수 있습니다.

1장

The C# Best Know-how

언어 사양 문제

1.1

var 사용에 관한 고민

 사건의 시작

래머군   오늘 세 번째 회의가 있어서 갑자기 불려갔는데 고객사 담당 부장님이 var를 쓰면 안 된다고 하셨어. 제출한 서류에 예제 코드가 있었는데 거기에 var가 쓰인 부분이 있었나 봐. 이전에 무턱대고 var를 사용하다가 큰코다친 적이 있다면서 앞으로 var를 사용하지 말라고 하셨어.

악마씨   크크. 맞아! var는 쓰면 안 돼. 형(type)을 하나씩 제대로 기술하면 버그도 줄어들어서 정시에 퇴근할 수 있어. 그러니까 형을 생략하지 말고 모두 명시하도록 해.

천사양   아니, 그러지 마! 부장님이 무언가 잘못 이해한 것뿐이야. 오해를 잘 풀어서 **올바른 방법으로 var를 사용하는 것이 더 좋아.**

 래머군의 요청

래머군   내가 하고 싶은 건 Dictionary<string, Action<TextWriter>> 형으로 된 객체를 생성해서 변수에 대입하는 거야. 그러니까 new 키워드로 인스턴스를 생성한 다음 이를 변수에 넣고 싶은데… 어떻게 하면 될까?

 악마씨의 답

```
using System;
```

```
using System.IO;
using System.Collections.Generic;

class Program
{
    static void Main(string[] args)
    {
        Dictionary<string, Action<TextWriter>> dic =
                        new Dictionary<string, Action<TextWriter>>();
        dic.Add("Sample1", (writer) => { writer.WriteLine("I'm sample1!");});
        dic.Add("Sample2", (writer) => { writer.WriteLine("I'm sample2!");});
        foreach(var item in dic.Values) item(Console.Out);
    }
}
```

실행 결과

```
I'm sample1!
I'm sample2!
```

 ## 자바스크립트의 악몽

var 키워드를 올바로 사용하지 않으면 큰 문제가 발생할 수 있다. 그 예를 살펴보자.

다음은 자바스크립트(JavaScript)로 작성된 코드다. 변수 a에 숫자 0을 대입하고 이를 사용해 수치 계산과 조건 판정을 하고 있다. 0을 사용해서 계산한 결과는 0이 되고 조건 판정은 false(거짓)가 되도록 의도한 코드다. 즉, 의도대로라면 0만 출력되고 Don't show me!는 출력되지 않아야 한다.

```
var a = "0";
var b = 1 * a;
alert(b);
if(a) alert("Don't show me!");
```

하지만 이 코드를 실행하면 0과 Don't show me!가 모두 출력된다.

수치 계산에서는 의도한 대로 0으로 인식되었지만, 조건 판정에서는 원래 의도였던 false로 인식되지 않은 것이다.

의도한 대로 동작하지 않는 이유는 변수 a에 들어 있는 값이 숫자 0이 아닌 문자열 "0"이기 때문이다. "0"은 수치 계산에서는 0으로 인식되지만, 조건 판정문에서는 문자 하나로 인식되기 때문에 false가 되지 않는다.

그런데 코드가 길 때는 이런 버그의 원인을 찾아내기가 쉽지 않다. 이때부터 **악몽**이 시작되는 것이다.

간단한 실수처럼 보이지만, 코드 규모가 클 때는 원인을 찾는 데 하루를 꼬박 보낼 수도 있다.

 악몽의 연속

이런 악몽은 **무엇이든 넣을 수 있는 마술 상자** 때문에 생긴다. 마술 상자에는 아무것이나 넣을 수 있다. 하지만 문맥에 따라 그 해석이 달라지는 것이 문제다. 항상 이용자가 의도한 대로 해석된다는 보장이 없다.

이것은 var의 악몽이라고도 할 수 있다. var가 문제가 되는 이유는 형을 명시하는 대부분의 프로그래밍 언어에서 var가 아닌 형 이름(type name)을 명시해서 변수를 선언하기 때문이다.

형을 명시하는 C언어

```
int a;
```

형을 명시하지 않는 자바스크립트

```
var a;
```

이런 이유로 var는 형을 명시하지 않는 언어에서 사용된다고 생각하기 쉽다. 하지만 실제로 var를 사용한다고 해서 반드시 형을 생략하지는 않는다. 다음과 같은 예가 이에 해당한다.

파스칼(정수를 나타내는 integer형 지정)

```
var a:interger;
```

TypeScript(수치를 나타내는 number형 지정)

```
var a:number;
```

반대로 var를 사용하지 않아도 형을 지정하지 않고 변수를 선언할 수 있는 경우가 있다.

이전 세대의 비주얼 베이직

```
Dim a;
```

형을 지정하지 않은 변수 때문에 악몽이 생기기도 하지만, var에 대한 악평은 억울한 누명이라고도 할 수 있다.

수년 전에 경량 프로그래밍 언어가 유행했던 적이 있었다. 이들 언어는 형 지정 없이 변수를 이용할 수 있어서 많은 문제를 일으켰었다. 경량 프로그래밍이 유행을 탄 기간이 짧긴 했지만, 본격적으로 사용하려고 한 순간 악몽이 시작되었다.

 ## 왜 악몽이 생기는 것일까?

형 지정을 생략하면 프로그래밍 학습 장벽이 낮아진다. 이 때문에 일반 사용자용으로 만들어진 간이 프로그래밍 언어일수록 형 지정을 생략하는 경향이 있다. 그리고 형을 섞어서 사용할 때는 가능한 한 충돌이 발생하지 않도록 다양한 장치를 마련해 두고 있다. 하지만 이 '가능한 한'이라는 용어가 문제의 원인이 된다. 즉, 언어 개발자와 언어 이용자 사이에 생기는 생각의 차이 때문에 버그가 발생한다.

예를 들어 자바스크립트에서는 다음 코드의 결과는 6이다. 곱셈 계산이 이뤄진다.

```
alert("2" * "3")
```

그렇다면 다음 코드의 결과는 5가 될 것이라 예상되지만, 실제로 결과는 23이 나온다.

```
alert("2" + "3");
```

여기서 사용된 +는 두 문자열을 연결하는 역할일 뿐 덧셈 계산은 하지 않는다. 이런 결과는 이용자의 기대를 배신할 가능성이 크다. 즉, 버그가 발생하는 것이다. 하지만 이러한 버그의 원인을 찾기란 쉽지 않다. 왜냐하면 본인은 제대로 코드를 작성했다고 생각하기 때문이다.

나는 올바로 작성했지만, 프로그램 입장에서는 틀린 것이다.

악몽이 시작되는 순간이다.

 ## 악몽을 꾸지 않으려면 어떻게 해야 할까?

악몽을 꾸지 않으려면 해석이 달라질 여지를 가능한 한 줄여야 한다. 수치로 처리되는지 문자열로 처리되는지가 모호한 데이터는 사용하지 말아야 한다.

예를 들어 '3이라고 쓰면 수치지만 "3"이라고 쓰면 문자열이다'와 같은 규칙을 정하면 해석의 모호함을 줄일 수 있다. 마찬가지로 변수도 **선언할 때 형을 명시**해야 한다. 그리고 명시한 후에는 **다른 형의 데이터가 들어가지 않도록 하면** 모호함을 줄일 수 있다. 이렇게만 해도 악몽을 피할 수 있다.

 ## 형 추론 문제

지금까지는 아래 두 가지 중 하나를 선택해야 하는 상황을 알아보았다.

(1) 형을 명시하지 않는다 → 변수는 어떤 것이든 저장할 수 있는 마술 상자다.

(2) 형을 명시한다 → 변수에는 지정한 형만 저장할 수 있다.

그런데 여기서 한 가지 문제가 생긴다.

최근에 나온 프로그래밍 언어에는 이 둘 중 어느 것에도 해당하지 않는 것이 있다. C#이나 TypeScript[1]가 그 예다. 이 언어들은 **형 추론 기능이 있기 때문에 형을 명시하지 않아도 알아서 변수에 형이 붙는다.**

---

1   TypeScript는 마이크로소프트사가 개발한 자바스크립트형 언어다. 자바스크립트를 보다 편리하게 사용할 수 있도록 하는 언어로 TypeScript를 컴파일하면 자바스크립트 파일이 생성된다 – 옮긴이.

다음 C# 코드는 string형 변수를 생성한다.

```
var a = "Hello!";
```

즉, 다음 코드와 같다.

```
string a = "Hello!";
```

이는 초기화를 하는 값이 문자열이기 때문에 변수의 형도 string형이라고 추론하는 것이다. 당연한 얘기지만, 아무런 힌트를 주지 않으면 형을 추론할 수 없다. 예를 들어 다음과 같이 작성하면 추론을 할 수 없기 때문에 형이 정해지지 않는다.

```
var a;
```

그러면 형 추론 기능은 언제 사용하면 좋을까?

다음 코드는 List〈string〉이 두 번 사용되기 때문에 번거롭다.

```
List<string> list = new List<string>();
```

따라서 다음과 같이 바꿔 쓰면 간결해진다.

```
var list = new List<string>();
```

이렇게 형 추론 기능까지 고려하면 문제는 양자택일이 아닌 삼자택일이 된다.

- (1) 형을 명시하지 않는다 → 변수는 어떤 것이든 저장할 수 있는 마술 상자다.

- (2) 형을 명시한다 → 변수에는 지정된 형만 저장할 수 있다.

- (3) **형을 명시하지는 않지만 추론으로 확정한다 → 변수에는 지정된 형만 저장할 수 있다.**

var를 기피하는 이유는 많은 사람이 C#의 var도 (1)과 같을 것이라고 생각하기 때문이다.

하지만 사실은 (3)에 해당한다. C#에서 var는 **마술 상자가 아니다.**

C# C#에도 마술 상자가 필요하다

참고로 '형을 일일이 지정하는 것은 불편해. 좀 더 편한 방법으로 작성하고 싶어' 하는 사람은 **dynamic**형을 사용하면 된다. dynamic형은 실행 시에 동적으로 해석되는 형으로 **무엇이든 들어가는 마술 상자** 역할을 한다.

'형을 일일이 지정하지 않아도 되니까 더 편하겠지'라는 막연한 기대를 하는 사람은 이 기능을 이용해서 구현하는 것이 기쁠 수도 있다. 하지만 이 기능을 적극적으로 사용하는 사례를 본 적이 없다.

실제로 사용해 보면 알 수 있지만, **전혀 편리하지 않다.** 한 가지 예로 dynamic형을 사용하는 순간 비주얼 스튜디오의 인텔리센스(IntelliSense)[2] 기능은 동작하지 않는다. 무엇이든 들어가는 마술 상자는 아무 데이터나 들어가기 때문에 어떤 형을 사용하고 있는지 예측하기가 어렵다. 따라서 인텔리센스는 후보 목록을 제시할 수 없게 된다. 이용할 수 있는 멤버 목록을 모른다면 사용할 수 있는 멤버를 일일이 수동으로 조사해서 바르다고 판단한 경우에만 넣어야 한다. 당연히 **생산성이 급격히 떨어진다.**

하지만 var를 사용하면 이런 문제를 걱정하지 않아도 된다. **형이 명시돼 있지 않아도 결국 하나의 형으로 정해지기** 때문이다. 인텔리센스는 후보 목록을 제시할 수 있으며 이용자는 그중에 하나를 선택하기만 하면 된다. 따라서 생산성도 떨어지지 않는다.

이런 이유로 var를 사용한 소스 코드는 많이 볼 수 있지만, dynamic을 사용한 코드는 보기 드물다.

 천사양의 답

```
using System;
using System.IO;
using System.Collections.Generic;
```

---

2 인텔리센스는 비주얼 스튜디오의 코드 자동 완성 기능이다. 사용할 수 있는 멤버나 매개변수를 자동으로 표시해주는 등 입력 중인 코드를 자동으로 완성해준다 – 옮긴이.

```
class Program
{
    static void Main(string[] args)
    {
        var dic = new Dictionary<string, Action<TextWriter>>();
                                        // 이 줄에서 var를 활용했어
        dic.Add("sample1", (writer) => { writer.WriteLine("I'm sample1!"); });
        dic.Add("sample2", (writer) => { writer.WriteLine("I'm sample2!"); });
        foreach(var item in dic.Values) item(Console.Out);
    }
}
```

결말

래머군   var는 '악'이 아니잖아.

악마씨   그래 맞아. 난 var 교의 신자라고. var를 사용해! 꼭 사용하도록 해! 변수를 선
언할 때마다 var를 사용하는 거야!

천사양   그건 안 돼. 힌트가 없으면 형 추론을 할 수가 없어. 게다가 힌트가 어려울 때도
있어. var a=b;라는 코드를 쓸 수는 있지만, 변수 a의 형은 변수 b의 형을 알아야만
파악할 수가 있어. 이건 매우 비효율적인 방식이야.

래머군   결국 var를 사용해야 하는 거야 사용하지 말아야 하는 거야?

악마씨   사용해, 사용해. 아니, 사용하지 마, 사용하지 마!

천사양   적재적소에 사용하면 돼. 다음과 같이 긴 코드에서는 꼭 사용하는 것이 좋아.

```
Dictionary<string, Action<TextWriter>> dic =
                        new Dictionary<string, Action<TextWriter>>();
                              ↓
var dic = new Dictionary<string, Action<TextWriter>>();
```

래머군   알았어. 이때는 변수 dic의 형이 Dictionary<string, Action<TextWriter>>라

는 것을 바로 알 수 있으니 var를 사용해도 피해 볼 일이 없다는 거구나. 그런데 도대체 악마씨는 사용한다 쪽이야 사용하지 않는다 쪽이야?

악마씨 음….

1.2

if와 switch에 관한 오해

 사건의 시작

래머군 조건이 여러 개라서 처리를 나누어야 해. 이럴 때는 어떻게 하면 되지? 조건이
많으니까 switch문을 사용하는 게 좋을까? 그런데 switch문이 의외로 제약이 많아
서 번거롭단 말이야. 버그도 많고.

악마씨 그래 맞아. switch문은 도움이 안 되니까 버리는 게 나아. if문과 else if를 잘
사용하면 여러 조건에 대응할 수 있어. 게다가 사용하기도 쉽고. switch문의 복잡한
구조를 외워서 사용할 필요도 없어.

천사양 잠깐만 래머군. switch문이 안 좋다고 단정 짓지는 마. 여기는 **다른 언어들이
활개치고 다니는 영역이 아니라** C#의 세계야. 아무리 구문이 비슷하다고 해서 다른
언어에 해당하는 경험담을 액면 그대로 받아들여서는 안 돼.

 래머군의 요청

래머군 내가 원하는 것은 인수 값이 Red면 빨강, Green이면 초록, Blue면 파랑을 반환
하는 메서드를 작성하는 거야. 인수가 어떤 것에도 해당하지 않으면 알 수 없는 색
이라고 반환해야 해.

악마씨의 답

```csharp
using System;

class Program
{
    static void convert(ref string color)
    {
        if(color == "Red") color = "빨강";
        else if(color == "Green") color = "초록";
        else if(color == "Blue") color = "파랑";
        else color = "알 수 없는 색";
    }

    static void Main(string[] args)
    {
        string s = "Red";
        convert(ref s);
        Console.WriteLine(s);
    }
}
```

실행 결과

빨강

C언어형 언어의 치명적 약점

C#을 포함하여 프로그래밍 언어는 대부분 조건을 판단하기 위해 if문이나 switch문을 사용한다. 하지만 그런 구문이 없거나 사용법이 다른 언어도 있다.

C#처럼 C언어에 있는 방식으로 if문이나 switch문을 사용하는 언어들을 여기서는 C언어형 언어라고 부르겠다. 그리고 C언어형 언어 이외의 언어를 비C언어형 언어라고 부르겠다. C언어형 언어의 전형적인 예는 원조 C를 포함해서 C++, 자바, 자바스크립트, C# 등이 있다.

비C언어형 언어의 전형적인 예로는 C의 조상인 BCPL이나 C#의 조상인 델파이(Delphi), 그리고 한때 C의 라이벌이라고 불리던 파스칼이 있다. 이외에도 포트란(FORTRAN), 코볼(COBOL), 포스(FORTH), 루비(Ruby)도 비C언어형 언어다.

C언어형 언어와 비C언어형 언어는 각각의 장단점을 명료하게 나누기가 조금 애매하다. 그보다는 단순히 **프로그램 작성 방식**에 차이가 있다라고 생각하는 것이 좋다. 어느 쪽이 다른 한쪽보다 더 우수하다고 단정 지을 수 없다는 말이다.

단, C언어형 언어끼리는 서로 비슷한 구문을 공유하므로 언어 하나를 알면 다른 언어도 쉽게 익힐 수 있다는 이점이 있다. 반대로, 같은 구문을 사용하기에 그만 같은 기능으로 여기고 사용할 수 있다는 문제점도 있다. 예를 들어 C++이 보급되던 초반에는 C++를 C처럼 사용해서 문제를 일으키던 프로그래머가 많았다. 구문이 같더라도 개념이 다르면 코드 작성법 자체가 달라질 수도 있다. 하지만 그것을 생각하지 못하고 기존 방식 그대로 작성해 버리는 것이다. 또한, 자바와 자바스크립트 사이에도 같은 문제가 있다. 이 경우는 구문뿐만 아니라 명칭도 비슷해서 같은 방식으로 사용하기 쉽지만, 사실은 기본 개념이 전혀 다르기 때문에 종종 오류가 발생한다. 자바와 C# 사이에도 비슷한 문제가 있다. 가끔 "C#은 이상한 것 같아. 자바를 이해하지 못하고 외형만 따라 한 것이 분명해"라는 얘기를 자주 듣는다. 이렇듯 사람들은 C#의 근본적인 구조 자체가 다르다는 것을 이해하지 못한 채 단지 생긴 게 비슷하다는 이유로 섣불리 판단한다.

일단 이 이야기는 이 정도로 해두고 C#에 관한 얘기도 잠시 중단하겠다. 여기서는 C언어형 언어의 if문과 switch문이 가지는 공통적인 문제를 생각해 보자.

 if문이란?

if문은 조건 판정문이다. else 이후는 생략할 수 있다와 같은 자세한 설명은 모두 생략하고 대략적인 형식을 보자.

> if(조건식) 조건 성립 시 실행하는 처리 else 성립하지 않을 때 실행하는 처리

조건식이 하나이므로 **판정할 수 있는 조건도 하나**밖에 없다. 조건을 여러 개 사용할 수도 있지만, 그 조건들도 결국 하나의 조건으로 합쳐지기 때문에 최종 조건은 하나다. 따라서 조건이 성립할 때와 성립하지 않을 때 이렇게 두 가지 처리로 나눌 수 있다.

switch문이란?

switch문은 **다중 조건 판정이다.** break로 case를 종료한다와 같은 자세한 설명은 모두 생략하고 대략적인 형식을 정리하자면 다음과 같다.

```
switch(식)
{
    case 식1:
        식의 값이 1일 때 실행하는 처리
        break;
    case 식2:
        식의 값이 2일 때 실행하는 처리
        break;
            ⋮
    default:
        어떤 값에도 해당하지 않을 때 실행하는 처리
        break;
}
```

식은 하나지만, **여러 개의 값을 이용해서 조건을 분기**할 수 있다. 조건이 여러 개라면 switch문이 편리하다고 생각할 수도 있다.

하지만 편리함에 비해 사용 빈도는 높지 않다. 다음과 같은 의견이 있기 때문이다.

- 모든 형의 데이터를 사용할 수 없다.

- case 뒤에는 상수만 올 수 있다(즉, 조건을 변형할 수 없다).

- 소스 코드의 가독성이 떨어진다.

- 버그가 쉽게 발생한다.

그러면 이런 제약은 어떻게 해결할 수 있을까?

else if 구문이란?

if문을 여러 개 사용하면 switch문의 제약을 모두 해결하고 조건도 여러 개 사용할 수 있다. else if 구문은 다음과 같다.

```
if(식1)
    처리1
else if(식2)
    처리2
else if(식3)
    처리3
else
    처리4
```

이렇게 조건을 여러 개로 나눌 수 있다.

여기서 주의할 점은 else if라는 명령은 없다는 것이다. 있는 것은 if문뿐이다. if문의 else 뒤에 다시 if문을 써야 한다.

더러 이 구문을 비웃는 사람도 있긴 하지만, 자주 사용되는 일반적인 코드 작성법 중 하나다. 이것을 사용하면 switch문의 제약을 모두 해결할 수 있다.

- 모든 형을 판정에 사용할 수 있다.

- 상수 외의 것(변수나 식)도 판정할 수 있다.

- 코드를 잘못 해석하는 경우가 드물다.

- 버그 발생의 원인이 되는 경우가 드물다.

언어에 따라 달라지는 제약

이제 C언어형 언어라는 두리뭉실한 범위를 벗어나서 구체적으로 C#에 관해 얘기해 보자. 사실 C언어형 언어라는 범위를 벗어나는 순간 다음과 같은 문제가 발생한다.

구문이 같은 C언어형 언어라도 제약 사항이 다르다.

예를 들어 같은 if문이라도 차이가 있다. 다음 코드는 자바스크립트에서는 괜찮지만, C#에서는 문제가 있다. 이유는 C#의 조건 판정문에서는 **bool형만 사용할 수 있다**는 제약이 있기 때문이다. bool형은 값이 true 또는 false인 것으로 0은 bool형이 아니다. 자바스크립트에는 이런 제약이 없으며 null이나 0도 false로 처리된다.

```
if(0) { }
```

하지만 이것이 문제가 되는 경우는 드물다. if문의 조건으로 수치를 바로 사용하는 경우는 거의 없기 때문이다. 수치가 아닌 조건식을 사용한다면 어떤 프로그래밍 언어라도 문제없이 실행된다.

문제는 switch문이다.

제어 이동 문제란?

C언어에서는 다음 코드를 실행할 수 있다. 실행하면 변수 a는 3이 된다.

```
int a=0;
switch(0)
{
case 0:
    a++;
case 1:
    a++;
case 2:
    a++;
}
```

이 코드는 int를 var로만 변경하면 자바스크립트에서도 동작한다. 물론 이때도 변수 a는 3이 된다.

참고로 이 코드는 **C#에서는 동작하지 않는다.** 컴파일 에러가 발생한다.

그런데 왜 C에서 이 코드를 실행하면 변수 a가 3이 되는 것일까?

그 이유는 case 1이나 case 2에 작성된 처리들이 값이 1이거나 2일 때 실행되는 것이 아니기 때문이다. 이때 case는 어디까지나 레이블(label)에 불과하다. 조건이 일치하면 그곳으로 이동하는 것으로 조건이 일치하지 않더라도 위에서부터 차례대로 실행된다. 이처럼 앞에 있는 조건을 만족했지만, 다른 조건에 있는 처리도 계속해서 실행하는 것을 **제어 이동(fall-through)**이라고 한다.

보통은 제어 이동이 발생하면 곤란하므로 **break문을 넣어서** 이동을 중단시킨다.

```
int a=0;
switch(0)
{
case 0:
    a++;
    break;
case 1:
    a++;
    break;
case 2:
    a++;
    break;
}
```

이렇게 하면 C#에서도 정상적으로 컴파일된다.

제어 이동이 발생하지 않기 때문에 변수 a가 3이 되는 일도 없다.

드물기는 하지만, 제어 이동을 전제로 코드를 작성할 때도 있다. 하지만 제어 이동을 위해서 break문을 생략했는지 아니면 단순히 작성하는 것을 잊은 것인지를 구별하기가 쉽지 않다.

결국, 다음과 같은 문제가 발생한다.

- switch문을 이용한 소스 코드는 가독성이 떨어진다.

- switch문을 이용한 소스 코드는 버그가 쉽게 발생한다.

이 때문에 switch문 사용을 자제하는 것이 좋다고 생각하는 사람도 있다.

하지만 C#은 제어 이동을 허용하지 않기 때문에 특수한 경우를 제외하고는 이런 문제가 발생하지 않는다.

- 제어 이동을 허용하지 않으므로 이를 전제로 코드를 작성할 수 없다. 즉, 코드를 고민해서 해석할 필요가 없다.

- 제어 이동을 허용하지 않으므로 break문을 생략하면 컴파일 에러가 발생해서 실행되지 않는다(컴파일 에러를 수정하는 단계에서 버그가 줄어든다).

다시 말해서, 일반적으로 switch문이 가독성이 떨어지고 버그가 발생하기 쉬운 것은 맞지만, C#에서만큼은 무조건 피해야 할 대상은 아니라는 얘기다.

정말로 switch문은 제약이 많을까?

사실 switch문에서 사용할 수 있는 형 역시 C언어형 언어의 종류가 무엇이냐에 따라 차이가 있다. C가 가장 제약이 많으며 정수만 사용할 수 있다. 자바스크립트는 비교적 제약이 적은 편으로 대부분의 형을 사용할 수 있다.

그러면 C#은 어떨까? C#에서 사용할 수 있는 형은 다음과 같다.

- bool, char, string, 수치, 열거형

- 이들 각각에 대한 null 허용형

실제로 switch문에서 객체를 판정하는 경우는 거의 없고 대부분 수치나 열거형 또는 문자열을 사용한다. C는 문자열을 판정할 수 없기 때문에 switch문을 제한적으로 사용한다. 하지만 C#은 문자열을 판정할 수 있으므로 switch문으로 다양한 처리를 구현할 수 있다.

천사양의 답

```
using System;

class Program
{
    static void convert(ref string color)
    {
        switch(color)
        {
            case "Red": color = "빨강"; break;
            case "Green": color = "초록"; break;
            case "Blue": color = "파랑"; break;
            default: color = "알 수 없는 색"; break;
```

```
        }
    }

    static void Main(string[] args)
    {
        string s = "Red";
        convert(ref s);
        Console.WriteLine(s);
    }
}
```

결말

래머군 악마씨의 답과 천사양의 답을 비교해 보면 천사양의 코드가 더 길어. 천사양의 답은 break문이 있어서 읽기도 쉽지 않고. 천사양의 방법대로 하면 뭐가 좋은 거야?

악마씨 그러게 말이야. 코드양이 적은 내 방식이 더 좋지 않아?

천사양 그렇지 않아. 악마씨의 방법은 모든 bool형의 식을 판정하기 위해 판정식을 세 개나 사용했어. 이번 **요구 사항을 만족시키기에는 너무 과한 방식**이야.

악마씨 과하면서 강력한 방법이 오히려 좋은 거 아닌가? 손가락 하나로 쓰러뜨릴 수 있는 적에게 장풍을 사용한다고 해서 문제될 것은 없잖아?

천사양 틀렸어. 아무런 관련이 없는 식도 작성할 수 있다는 강력함은 오히려 버그가 발생할 수 있는 여지를 주는 거야. **switch문을 사용하면 오로지 식 하나로 값을 분류하기 때문에 버그가 발생할 수 있는 여지도 줄어들어.**

래머군 버그가 줄어드는 게 좋아. 버그가 줄면 야근도 줄거든. 일찍 퇴근해서 집에서 맥주 마시고 싶어.

1.3

for와 foreach에 관한 오해

 사건의 시작

래머군 　무거운 쿼리에서 값을 하나씩 꺼내려면 루프를 사용하는 수밖에 없겠지? 그렇다면 루프를 어떻게 작성해야 쿼리가 가벼워질까?

악마씨 　반복 횟수가 정해져 있다면 당연히 for문이지. 학교에서 그렇게 배우지 않았어?

천사양 　아니, for문은 기능이 너무 광범위해서 오히려 함정에 빠질 위험이 있어. 좀 더 안전한 방법을 생각하는 것이 좋아. foreach는 어떨까?

악마씨 　foreach는 안 돼. 그건 빈약한 프로그래밍 언어에서나 쓰는 허술한 명령이야. 전문 프로그래머가 되고 싶다면 for문의 세 가지 식을 제대로 배워야 해. 남자라면 우물쭈물하지 말고 확실한 방법을 사용하라고.

래머군 　나는 누굴 믿어야 하지?

악마씨 　나를 믿어야지!

천사양 　아니, 나야!

 래머군의 요청

래머군 　0부터 9까지의 값을 반환하는 쿼리가 있어. 사실 업무에서는 다른 값을 사용하지만 회사 기밀이기 때문에 0부터 9까지라고 하는 거야. 쿼리가 무거우니까 가능한 한 효율적으로 값을 추출하고 싶어. 어떻게 루프를 작성해야 좋을까?

```
using System;
using System.Linq;
using System.Threading.Tasks;

class Program
{
    static void Main(string[] args)
    {
        var heavyQuery = Enumerable.Range(0, 10).Where(c => {
            Task.Delay(1000).Wait(); // 실제 업무에선 무거운 처리를 하고 있음
            return true;
        });
        var start = DateTime.Now;
        for(int i = 0; i < heavyQuery.Count(); i++)
        {
            Console.Write(heavyQuery.ElementAt(i));
        }
        Console.WriteLine("소요시간:{0}",DateTime.Now-start);
    }
}
```

실행 결과

```
0123456789소요시간:00:02:45.1984517
```

for와 foreach는 무슨 차이?

for와 foreach는 서로 바꿔서 사용할 수 있는 기능일까? 즉, 작성법만 조금 다를 뿐 어느 쪽을 사용해도 같은 결과를 얻을 수 있을까?

for문만이 최고의 기능이고 foreach는 초보자용 기능일까?

다음 예를 보면 큰 차이가 없다는 것을 알 수 있다. 실행 시간은 물론 소스 코드의 길이도 별반 차이가 없다.

for를 사용한 예

```
using System;
class Program
{
    static void Main(string[] args)
    {
        int[] a = { 0, 1, 2, 3, 4, 5, 6, 7, 8, 9 };
        for(int i = 0; i < a.Length; i++) Console.WriteLine(a[i]);
    }
}
```

foreach를 사용한 예

```
using System;
class Program
{
    static void Main(string[] args)
    {
        int[] a = { 0, 1, 2, 3, 4, 5, 6, 7, 8, 9 };
        foreach(var item in a) Console.WriteLine(item);
    }
}
```

하지만 차이가 없는 이유는 상대가 배열이기 때문이다. 처리 대상이 무엇이냐에 따라 큰 차이가 날 수도 있다. 왜 그럴까?

두 구문은 기능이 전혀 다르기 때문이다.

- for문 : 특정 조건이 성립할 때까지 반복한다.

- foreach문 : 특정 열거(Enumerable) 인터페이스가 열거된 요소를 하나씩 가져온다.

사실 for문으로 요소를 하나씩 꺼내려면 인덱스를 경유하면서 다음 두 가지 기능을 수행해야 한다.

❶ 인덱스를 하나씩 증가시킨다.

❷ 인덱스를 이용해서 해당하는 요소를 가져온다.

두 번째 기능은 임의 접근(random access)이 가능한 컬렉션에서는 아무런 문제가 되지 않는다. 첫 번째 요소를 하나 가져오든 마지막 요소를 하나 가져오든 걸리는 시간이 같다면 매번 인덱스를 지정해서 접근해도 큰 문제가 발생하지 않는다.

하지만 상대가 임의로 접근할 수 없는 컬렉션일 때는 문제가 있다. **모든 데이터를 읽어야 마지막 데이터를 가져올 수 있는 컬렉션일 때는 마지막 한 개를 꺼내기 위한 처리에 시간이 오래 걸린다.**

반면 foreach문은 순차 접근(sequential access)을 기반으로 한다. 즉, 다음과 같은 순서로 순차적으로 동작한다.

❶ 다음 데이터를 주세요.

❷ 끝났나요?

❸ 끝나지 않았으면 ❶로 돌아갑니다.

이때 마지막 데이터라는 것은 없다. 항상 다음 데이터만 있다. 그리고 대부분의 경우 다음 데이터가 바로 나온다.

다시 말해, 임의 접근이 불가능한 컬렉션(순차 접근 컬렉션)을 사용할 때는 for문 + 인덱스보다 foreach문이 적합하다. 이것만 제대로 적용해도 성능이 크게 향상된다.

C# for문도 지지 않는다

여기서 현명한 독자라면 한 가지 사실을 눈치챘을 것이다. 그렇다. 지금 하는 것은 어디까지나 아래 두 가지를 비교하는 것이다.

* for문 + 인덱스

* foreach문

그리고 여기에는 **인덱스가 성능을 저하시킨다는 문제**도 포함된다. 그렇다면 인덱스를 빼고 for문을 사용하면 foreach문을 이길 수 있지 않을까?

이길 수 있다. 악마씨의 답에서는 for문을 사용하고 있지만, 인덱스만 빼도 속도가 엄청나게 빨라진다.

```
using System;
using System.Linq;
using System.Threading.Tasks;

class Program
{
    static void Main(string[] args)
    {
        var heavyQuery = Enumerable.Range(0, 10).Where(c =>
        {
            Task.Delay(1000).Wait(); // 실제 업무에선 무거운 처리를 하고 있다
            return true;
        });
        var start = DateTime.Now;
        var enumerator = heavyQuery.GetEnumerator();
        for(; enumerator.MoveNext(); )
        {
            Console.Write(enumerator.Current);
        }
        Console.WriteLine("소요시간:{0}", DateTime.Now - start);
    }
}
```

실행 결과

```
0123456789소요시간:00:00:10.0179284
```

하지만 이런 식으로 작성하면 결국 **foreach문과 같은 방식**이 된다. 같은 방식을 사용하고 있지만, 작성법은 더 어렵다. 그렇다면 foreach문을 사용해서 더 간결하게 작성하는 편이 더 낫다.

 천사양의 답

```
using System;
using System.Linq;
```

```
using System.Threading.Tasks;

class Program
{
    static void Main(string[] args)
    {
        var heavyQuery = Enumerable.Range(0, 10).Where(c =>
        {
            Task.Delay(1000).Wait(); // 실제 업무에선 무거운 처리를 하고 있다
            return true;
        });
        var start = DateTime.Now;
        foreach(var item in heavyQuery)
        {
            Console.Write(item);
        }
        Console.WriteLine("소요시간:{0}", DateTime.Now - start);
    }
}
```

실행 결과

```
0123456789소요시간:00:00:10.0238083
```

 결말

악마씨 🐺 어이, 천사양. 그 10초라는 숫자는 뭐지? 내가 실행했을 때는 2분 45초나 걸렸는데. 무슨 속임수를 쓴 거야?

천사양 😇 속임수 같은 거 사용하지 않았어. 접근 횟수를 최적화한 것뿐이야.

악마씨 🐺 이런! 래머군, 우리 같이 불행해지자.

래머군 😊 싫어. foreach문을 사용하면 나도 편해질 수 있는 걸.

악마씨 🐺 for문도 실행 속도를 높일 수 있어. 그 방법을 사용하면 된다니까.

래머군 😊 싫어. 그건 너무 귀찮아.

이 코드는 의미가 있는가?

천사양   문제 하나 내 볼게. 다음 코드는 의미 있는 코드일까?

```
class A
{
    public static void hello()
    { Console.WriteLine("Hello!"); }
}

var a = new A();
```

악마씨   클래스 A에는 정적 메서드밖에 없으니까 클래스 A의 인스턴스를 생성해도
의미가 없지. 이 코드는 의미가 없어.

래머군   그러면 어떻게 해야 하는데?

악마씨   클래스 A에도 static 키워드를 붙여서 정적 클래스로 만들면 돼. 그러면
실수로 사용한 new가 동작하지 않을 거야.

래머군   이게 그렇게 쉬운 문제는 아닌 것 같아. 뭔가 함정이 있을 수도 있어.

악마씨   바보 같은 멤버가 있긴 한데, 있어도 의미가 없다 뭐 그런 거?

래머군   그건 너 스스로 바보라고 하는 말과 같은데?

악마씨   ….

천사양   래머군 말이 맞아. 사실 호출할 수 있는 멤버가 하나도 없어도 Lock 구문
의 잠금(lock) 제어용으로 사용할 수가 있어. 보통은 object형을 사용하긴 하
지만, 그때도 의미 있는 메서드는 존재하지 않아. 하지만 잠금 제어 역할만으
로도 충분하기 때문에 사용하는 거야.

악마씨   이런!

천사양   그래도 잠금 제어를 할 때는 object형 객체를 new 하는 것이 좋아.

래머군   왜?

천사양 안 그러면 원래 의도한 클래스의 목적과 겹치기 때문에 코드를 이해하기가 어려워지거든. 따라서 이 코드는 의미는 있지만, **잘못된 요령**을 사용하고 있다고 할 수 있어.

1.4

while을 이용한 조건 판정

사건의 시작

래머군 🙂 if문으로 '더는 실행하지마'라고 작성하려면 어떻게 해야 돼?

악마씨 😈 if문은 조건 판정을 할 때 사용하는 거야.

래머군 🙂 switch문을 사용하라는 얘기야?

악마씨 😈 아니. while문을 사용하면 돼. continue 명령을 이용해서 루프의 시작 위치로 돌아가거나 break 명령으로 루프를 도중에 중단할 수도 있어.

래머군 🙂 어떻게 작성하는데?

악마씨 😈 나중에 예제 코드를 보여줄게. 쉬워서 금방 이해할 수 있을 거야.

천사양 👼 그건 안 돼. **while문은 어디까지나 반복 처리를 위한 거야.** 조건 판정에 사용해서는 안 돼. 그런 코드는 나중에 읽을 때 이해하기가 어려워.

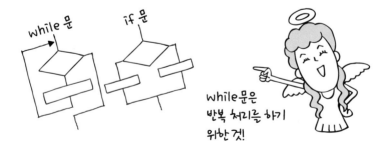

래머군 　다음과 같은 구조의 코드를 작성하고 싶어. if문 대신에 while문을 쓰면 깔끔하게 작성할 수 있을까?

```
if(조건식)
{
    계산;
    계산 결과가 0이면 더는 처리를 할 필요가 없다
    if문 다음 처리부터 계속하고 싶다

    처리;
}
```

래머군 　얘기를 좀 더 구체적으로 하기 위해서 아래와 같은 조건을 설정해볼게. 'b가 0보다 클 때 …' 부분을 어떻게 바꾸면 좋을까? 코드를 깔끔하게 정리할 수 있다면 전체적으로 수정해도 괜찮아.

```
using System;

class Program
{
    static void Main(string[] args)
    {
        int a = 1;
        if(a == 1)
        {
            int b = a * 2;
            // b가 0보다 클 때 ※1이 표시된 곳으로 처리를 건너뛰고 싶다
            Console.WriteLine(b);
        }
        Console.WriteLine("All Done");// ※1
    }
}
```

```
using System;

class Program
{
    static void Main(string[] args)
    {
        int a = 1;
        while(a == 1)
        {
            int b = a * 2;
            if(b > 0) break;
            Console.WriteLine(b);
            break;
        }
        Console.WriteLine("All Done");
    }
}
```

제3의 조건 판정문

while문을 조건 판정에 사용할 수도 있다. else가 없는 if문일 때는 while을 이용해서 간단히 작성할 수 있다.

다음과 같은 조건 판정문이 있다고 하자.

```
if(식)
{
    처리;
}
```

이는 다음과 같이 바꿀 수 있다.

```
while(식)
```

```
{
    처리;
    break;
}
```

과연 이렇게 while문으로 바꿔 쓰는 것이 의미가 있을까? 사실 위와 같은 처리에서는 큰 의미가 없다. 기능은 같지만 다음과 같은 단점이 늘어난다.

- if가 while로 바뀌면서 세 글자나 더 써야 한다. 읽고 쓰기 불편해진다.

- if문에는 없어도 되는 break를 추가해야 한다.

- break문이 추가되면서 조건이 성립할 때 실행해야 할 처리가 두 개로 늘어난다. 이 때문에 중괄호 '{}'를 생략할 수 없다.

하지만 다음과 같은 경우에는 이야기가 달라진다.

- 조건에 따라 처리를 처음부터 다시 시작하고 싶다.

- 조건에 따라 현재 처리를 중단하고 다음 처리부터 시작하고 싶다.

왜냐하면 다음과 같은 차이가 있기 때문이다.

- if문 : 루프 구문이 아니므로 break문이나 continue문이 의미가 없다.

- while문 : 루프 구문이므로 break문이나 continue문이 제 기능을 한다.

처리가 복잡할 때는 break를 이용해서 쉽게 빠져나올 수 있다는 점이 매력적으로 보일 수도 있다.

 ## 버그를 일으키는 예

다음과 같이 if문을 사용한 코드가 있다고 하자.

```
using System;

class Program
```

```
{
    static void Main(string[] args)
    {
        int a = 1;
        for(; ; )
        {
            if(a == 1)
            {
                int b = a * 2;
                if(b == 2) break;
                Console.WriteLine(b);
            }
            Console.WriteLine("Done1");
        }
        Console.WriteLine("Done2");
    }
}
```

실행 결과

```
Done2
```

첫 번째 if를 단순히 while로 바꾸어 보자.

```
using System;

class Program
{
    static void Main(string[] args)
    {
        int a = 1;
        for(; ; )
        {
            while(a == 1)
            {
                int b = a * 2;
                if(b == 2) break;
```

```
                    Console.WriteLine(b);
                    break;
                }
            Console.WriteLine("Done1");
            }
        Console.WriteLine("Done2");
    }
}
```

실행 결과

Done1
 ⋮ (영원히 반복)

결과가 달라지는 것을 알 수 있다.

왜 달라졌을까?

첫 번째 코드에서는 break를 이용해서 탈출할 대상을 for문으로 생각하고 있다. 하지만 두 번째 코드에서는 while문이 탈출 대상이 되어 처리 결과가 달라진다. break는 어디까지나 루프에서 사용하는 기능이다. 조건 판정을 위해서 while을 사용하면 여러 가지 불일치가 발생한다. 이처럼 기능의 고유한 목적을 벗어나 다른 용도로 사용하면 문제가 발생하기 쉽다. 이런 사용법은 피하는 것이 좋다.

그러면 어떻게 하면 좋을까??

다음의 천사양 대답처럼 break를 사용하지 않고 **if문을 조합하는 것**이 바람직하다.

 천사양의 답

```
using System;

class Program
{
    static void Main(string[] args)
    {
```

```
    int a = 1;
    if(a == 1)
    {
        int b = a * 2;
        if(b <= 0) Console.WriteLine(b);
    }
    Console.WriteLine("All Done");
    }
}
```

결말

악마씨 🦇 어이, 천사양. 코드가 짧아졌네. 어디에 속임수를 쓴 거지?

천사양 😇 속임수 같은 거 사용하지 않았어. 너도 그렇고 래머군도 그렇고 'b가 0보다 크면 처리를 건너뛴다'라는 조건에 너무 집착했기 때문에 번거로운 방식을 사용할 수밖에 없었던 거야. 조건을 반전시켜서 'b가 0 이하이면 뒤에 있는 처리를 실행한다'라는 조건을 만들면 코드 길이를 많이 줄일 수 있어.

래머군 😀 조건을 반전시킨다고?

천사양 😇 그래. **결과가 같다면 반대 조건으로 판정하는 방법도 있어.** 이렇게 조건을 반대로 바꾸기만 했을 뿐인데 코드가 훨씬 쉬워지는 경우가 있지. 기억해 두도록 해.

래머군 😀 무슨 말인지 알겠어. '모든 요소가 조건을 만족한다'라는 판정은 곧 '조건을 만족하지 않는 요소가 하나도 없다'라고 바꿔 말할 수 있는 거야.

천사양 😇 맞아. 생각만 조금 바꿔도 한 번에 해결할 수 있는 문제가 있어. 머리가 딱딱하게 굳은 누구한테는 무리겠지만.

악마씨 🦇 뭐라고?

천사양 😇 아무도 너라고 말한 적은 없는데.

1.5

do는 유용하지만 잘 사용하지 않는다

 사건의 시작

래머군 do문은 거의 사용하는 걸 본 적이 없어. 있다는 것도 까먹을 때가 많아.

악마씨 그냥 잊어버려. 없어노 괜찮아. 모든 반복 처리는 for문 하나로도 충분해.

래머군 그렇지? for문만 있으면 되니까 다른 기능은 기억하지 않아도 되지?

천사양 그건 안 돼. **do문을 사용하면 루프 처리를 간결하게 작성할 수 있어. 짧고 간결하게 작성할 기회를** 놓쳐서는 안 되지. 유지 관리에 들어가는 수고도 줄일 수 있고.

 래머군의 요청

래머군 이 코드 좀 봐줄래?

```
using System;

class Program
{
    private static void sample(int a)
    {
        while(a >= 0)
        {
            Console.Write(a--);
        }
    }
}
```

```
    static void Main(string[] args)
    {
        sample(9);
        sample(-1);
    }
}
```

래머군   이 프로그램을 실행하면 9876543210이 나와. 이를 9876543210-1로 만들었으면 해. 그러니까 루프가 조건을 만족하지 않더라도 최소 1회는 실행되게끔 하고 싶은 거야.

악마씨의 답

```
using System;

class Program
{
    private static void sample(int a)
    {
        bool first = true;
        while(a >= 0 || first)
        {
            Console.Write(a--);
            first = false;
        }
    }
    static void Main(string[] args)
    {
        sample(9);
        sample(-1);
    }
}
```

```csharp
using System;

class Program
{
    private static void sample(int a)
    {
        do
        {
            Console.Write(a--);
        }
        while(a >= 0);
    }
    static void Main(string[] args)
    {
        sample(9);
        sample(-1);
    }
}
```

 결말

악마씨 어이 천사양, 어느 처리에서 속임수를 쓴 거야? 응? 조건을 만족하지 않아도 한 번은 루프를 돌려야 해. 그러려면 조건 판정에 반드시 bool형 변수를 사용해야 한다고!

천사양 그래서 악마씨의 머리가 굳었다고 하는 거야. while문은 루프를 시작할 때 조건을 판정하지만, do문은 루프 마지막에서 조건을 판정해. 따라서 **do문을 사용하면 최소 1회는 반드시 처리를 실행**하는 거야.

래머군 while과 do는 비슷한 구문이 두 개나 있어서 낭비라고 생각했는데 잘 사용하면 오히려 코드가 짧아지네.

악마씨 그러면 최소 2회를 실행하고 싶을 때는 어떻게 하면 되지?

천사양   간단히 작성할 수 있는 방법은 없어.

악마씨   거봐. 천사양의 방법도 만능은 아니야.

래머군   사실 '최소 2회 실행한다'와 같은 조건은 본 적이 없기 때문에 간단히 작성하는
방법을 몰라도 상관이 없어.

악마씨   흥!

1.6

루프할 필요가 없는 루프

 사건의 시작

래머군 데이터가 하나일 때는 간단하게 작성할 수 있는데 데이터가 늘어나면 갑자기 번거로워져.

악마씨 배열 말하는 거지? 배열 처리는 반드시 루프가 필요하기 때문에 번거로워.

천사양 배열을 사용할 때 반드시 루프가 필요하다고 말하는 자체가 머리가 굳었다는 증거야.

 래머군의 요청

래머군 다음과 같은 코드가 있어.

```
using System;

class Program
{
    static void Main(string[] args)
    {
        int[] array = { 1, -1, 2, -2, 3 };
        ※1
    }
}
```

래머군 이 코드를 다음과 같이 바꿀 수 있을까?

- 배열 값 중에서 가장 먼저 등장하는 0보다 작은 값을 알고 싶다(예를 들어 배열이 {0, −1, −2}인 경우 0보다 작은 값은 −1, −2 두 개가 있지만 처음 등장하는 값은 −1이다).

- ※1에 어떤 처리를 작성해야 할까?

- 목적에 해당하는 데이터가 반드시 있다는 것을 전제로 한다.

악마씨의 답

```
using System;

class Program
{
    static void Main(string[] args)
    {
        int[] array = { 1, -1, 2, -2, 3 };
        foreach(var item in array)
        {
            if(item < 0)
            {
                Console.WriteLine(item);
                break;
            }
        }
    }
}
```

천사양의 답

```
using System;
using System.Linq;
```

```
class Program
{
    static void Main(string[] args)
    {
        int[] array = { 1, -1, 2, -2, 3 };
        Console.WriteLine(array.FirstOrDefault(c => c < 0));
    }
}
```

 ## 결말

악마씨 🐲 이봐, 여러 개의 데이터를 판정한다는 조건이므로 루프 구문이랑 조건 판정 구문이 필요해. 어떤 속임수를 쓴 거지?

천사양 👼 조건에 일치하는 첫 번째 데이터를 알고 싶으면 LINQ의 first 메서드나 FirstOrDefault 메서드를 사용하면 돼. 원래 그런 의도로 만들어진 기능이야.

래머군 😀 조건을 만족하는 첫 번째 데이터를 가져오는 메서드는 있을지 몰라도 두 번째 데이터가 필요할 때는 어떻게 해야 해?

천사양 👼 다음 코드를 사용하면 돼. ElementAt은 인수로 가져올 데이터의 위치를 지정할 수 있어. 따라서 이 코드를 실행하면 -2가 출력돼.

```
using System;
using System.Linq;

class Program
{
    static void Main(string[] args)
    {
        int[] array = { 1, -1, 2, -2, 3 };
        Console.WriteLine(array.Where(c => c < 0).ElementAt(1));
    }
}
```

악마씨 두 번째 데이터인데 왜 1이라고 지정하지?

천사양 컴퓨터는 0부터 세기 때문이야. 첫 번째가 0, 두 번째가 1이 돼.

래머군 자신만만한 천사양에게 심술궂은 질문 하나 더 해야지. 마지막 데이터가 필요할 때는 그럼 어떻게 해야 하지?

천사양 Last 메서드나 LastOrDefault 메서드를 사용하면 돼.

래머군 편리한 기능이 참 많이 있는 것 같아.

천사양 단순한 데이터 처리라면 이미 메서드가 있는 경우가 많기 때문에 조사해 보는 것이 좋아. 자신이 직접 작성하는 것보다 테스트를 거친 라이브러리를 사용하면 코드의 신뢰성을 높일 수 있어.

내 이름은 도빈. 오늘도 배드맨과 함께 배드 모빌을 타고서 제로섬 시티를 순찰하고 있다(배트맨과 그의 친구 로빈을 패러디해서 배드맨과 도빈을 등장시킨 것이다 – 옮긴이).

이런. 저기 악당이 날뛰고 있군.

> "우하하하. 나는 다이내믹(dynamic)맨이다. 선언하지 않고도 모든 멤버에게 접근할 수 있는 강력한 악당이지."

이런. 무리야. 배드맨의 공격이 하나도 통하지 않아.

전부 예외가 돼서 튕겨 나가버려.

내게 좋은 생각이 하나 있어.

> "어이 다이내믹맨!"

> "왜 꼬맹이?"

> "너 선언 없이 모든 멤버에 접근할 수 있다고 호언장담했지?"

> "당연하지."

> "그러면 다른 어셈블리에 있는 internal 멤버에도 접근해 보시지."

> "바보군. Friend 어셈블리로 미리 지정해 두었기 때문에 접근할 수 있어."

> "그러면 private 멤버에 접근해 봐!"

> "우하하하. private 멤버에 접근할 수 있도록 이미 리플렉션(reflection)도 준비해 두었지."

> "리플렉션을 사용한다면 dynamic이 필요 없지 않아?"

> "이런. 그런가?"

오늘의 악당은 무찔렀어.

하지만 아직 제로섬 시티에 평화가 온 것은 아니야. 계속 싸워야 해 배드맨. 너의 존재 자체가 제로섬 시티에 잘못된 요령을 전파하고 있다고 비판을 받고 있지만, 신경 쓰지 말도록 해.

1.7

장황한 비동기 루프

 사건의 시작

래머군 이름에 Async가 붙은 비동기 API 때문에 고생 중이야.

악마씨 비동기 API는 전염병과 같아. 사용하는 순간 소스 코드가 복잡해지지.

천사양 맞는 말이긴 하지만, **복잡한 정도는 작성 방법에 따라 달라지는 거야.**

 래머군의 요청

래머군 다음과 같은 프로그램을 만들고 싶어.

- 9부터 0까지 카운트다운하는 기능

- 카운트할 때마다 1초씩 대기

- 단, 카운트다운은 두 개를 병행해서 실행하고 싶다.

- 스레드는 사용하고 싶지 않다. 비동기 동작에서는 스레드를 따로 만들지 않아도 동시에 다른 처리를 할 수 있다.

- 카운트가 다 끝날 때까지 프로그램을 종료하지 않고 대기한다.

래머군 즉, 9988776655… 형식으로 출력하고 싶어. 실제로는 숫자 한 개를 출력한 후 줄 바꿈을 해야 하지만, 이 정도로도 괜찮아.

악마씨 스레드를 새로 만들어. 원숭이도 알 수 있는 간단한 코드를 만들 수 있어.

래머군 그건 안 돼. 선배의 엄명이야.

 악마씨의 답

```
using System;
using System.Threading;
using System.Threading.Tasks;

class Program
{
    class countDownWrapper
    {
        public AutoResetEvent Done = new AutoResetEvent(false);
        private int count = 9;
        public void CountDown()
        {
            Console.WriteLine(count--);
            if(count >= 0) Task.Delay(1000).ContinueWith((c) =>
                                                { CountDown(); });
            else Done.Set();
        }
    }

    static void Main(string[] args)
    {
        var a = new countDownWrapper();
        var b = new countDownWrapper();
        a.CountDown();
        b.CountDown();
        AutoResetEvent.WaitAll(new[] { a.Done, b.Done });
    }
}
```

래머군 너무 복잡한데. 설명해줄래?

악마씨 나의 작품에 관해 설명해주지. 비동기 동작으로 루프 종료를 기다리지 않고 처리를 반환해야 하므로 for문은 사용할 수 없어. 동작 유지는 ContinueWith 메서드 체인을 이용해서 구현했어. 카운트하는 변수는 지역 변수가 아닌 클래스 멤버로 만들었어. 종료를 알려줘야 하기 때문에 일단 AutoResetEvent를 만들어 두었고. 완벽하지?

천사양 하지만 너무 장황해.

 천사양의 답

```
using System;
using System.Threading.Tasks;

class Program
{
    private static async Task countDown()
    {
        for(int i = 9; i >= 0; i--)
        {
            Console.WriteLine(i);
            await Task.Delay(1000);
        }
    }

    static void Main(string[] args)
    {
        var a = countDown();
        var b = countDown();
        Task.WaitAll(a, b);
    }
}
```

래머군 우와, 아주 간략해졌어. 설명해줄래?

천사양 **async/await 키워드를 사용하면 for문으로 루프를 돌려도 돼.** 대기 처리도 단순히 기다리기만 하면 되고. continueWith 메서드로 종료 시에 실행할 코드를 예약

할 필요도 없어. 단순히 태스크를 기다리기만 하면 되기 때문에 AutoResetEvent도 필요 없어.

악마씨 👿 거짓말! 메서드는 카운트 종료를 기다리지 않고 처리를 반환해야 해.

천사양 👼 종료를 기다리지 않고 반환하지. 그게 async/await 키워드가 하는 일이야.

악마씨 👿 진짜야?

 ## 결말

악마씨 👿 이 결말은 이해할 수 없어. 어떻게 for문으로 루프를 돌릴 수 있지? 돌릴 수 없어야 맞아.

래머군 🧑 그래 나도 동의해. 그 부분이 이해가 안 가. 악마씨는 루프 종료를 기다리지 않고 처리를 반환하지 않으면 이 기능을 구현할 수 없다고 했지만, 천사양의 답은 달라. 그래도 의도한 결과를 얻을 수 있고.

천사양 👼 어려운 얘기는 하나도 없어. 악마씨가 말한 대로 이 경우는 루프 종료를 기다리지 않고 처리를 반환해야 돼.

악마씨 👿 근데 루프를 사용하고 있잖아?

천사양 👼 아니, 그렇지 않아.

악마씨 👿 for문을 사용하고 있는데?

천사양 👼 **신택스 슈거(syntax sugar, 설탕 구문)**라고 들어 본 적 있어? 겉으로 보이는 코드와 실제로 생성되는 코드와는 다르다는 뜻이지. 이 코드는 겉에서 보기에는 for문으로 보이지만, 사실은 그렇지 않아.

악마씨 👿 왜 그렇게 귀찮은 짓을 하는 거지?

천사양 👼 더 편하기 때문이야.

래머군 🧑 알았어. **for문을 사용하면 코드를 사용하기도 쉽고 읽기도 쉬워지는 거지?** 그럼 나도 async/await에 익숙해져야겠어.

1.8

해제되지 않는 참조

 사건의 시작

래머군 어떤 프로그램에서 Out of memory 예외가 발생해서 고생하고 있어.

천사양 메모리 부족이네.

래머군 이미 메모리를 100% 사용하고 있는데 여기에 가상 메모리까지 사용하고 있어서 메모리를 더 확보하는 것은 무리야.

악마씨 그럴 때는 하드디스크를 사용하면 돼. 바보와 가위와 HDD는 쓰기 나름이야.[1] 메모리보다 용량이 훨씬 큰 HDD가 컴퓨터에 장착돼 있잖아.

래머군 그래 맞아. 최근에는 6TB 하드디스크가 내장된 것도 있어.

천사양 이상한 소리 하지 말고 일단 코드를 보여줘.

 래머군의 요청

래머군 이게 그 프로그램이야.

```
using System;
using System.Linq;
using System.Collections.Generic;
```

---

1 바보와 가위는 쓰기 나름(馬鹿とはさみは使いよう)이라는 일본 속담에 HDD를 추가해서 재미있게 표현한 것이다 – 옮긴이.

```
class SimpleSum
{
    private int[] array;
    private int sum;

    private void calc()
    {
        sum = array.Sum();
    }
    public SimpleSum(int max)
    {
        array = Enumerable.Range(0, max).ToArray();
        calc();
    }
}

class Program
{
    static void Main(string[] args)
    {
        var list = new List<SimpleSum>();
        for(int i = 0; i < 100000; i++)
        {
            list.Add(new SimpleSum(10000));
        }
    }
}
```

래머군 상황을 정리하면 다음과 같아.

- 사정이 있어서 calc 메서드는 변경할 수 없다.

- 개발 PC에서 실행하면 Out of memory 예외가 발생한다.

- 기능은 손대지 않고 예외가 발생하지 않도록 수정하고 싶다.

```
using System;
using System.Linq;
using System.Collections.Generic;
using System.IO;

class SimpleSum
{
    private int[] array
    {
        get
        {
            return File.ReadAllLines(id.ToString() + ".txt").
                                Select(c => int.Parse(c)).ToArray();
        }
        set
        {
            File.WriteAllLines(id.ToString() + ".txt",
                            value.Select(c => c.ToString()).ToArray());
        }
    }

    private int sum;
    private int id;

    private void calc()
    {
        sum = array.Sum();
    }
    public SimpleSum(int max, int id)
    {
        this.id = id;
        array = Enumerable.Range(0, max).ToArray();
        calc();
    }
}
```

```
class Program
{
    static void Main(string[] args)
    {
        var list = new List<SimpleSum>();
        for(int i = 0; i < 100000; i++)
        {
            list.Add(new SimpleSum(10000,i));
        }
    }
}
```

악마씨 어때? 시간이 엄청나게 걸리긴 하지만, 배열이 메모리에 주던 부담을 전부
HDD로 옮겨 버렸어.

래머군 음, 잘 모르겠어.

천사양 그런 황당한 방법을 사용해선 안 돼. 속도가 너무 느려서 래머군이 할아버지가
될 때까지 기다려야 할 수도 있어.

악마씨 뭐, 뭐라고?

래머군 음….

천사양 이 방법은 무리라는 뜻이야.

 ## 천사양의 답

천사양 래머군의 요청에 있던 코드에 한 줄만 추가할게. 내용은 `array = null;`이고 위
치는 SimpleSum 생성자의 마지막 부분이야.

```
public SimpleSum(int max)
{
    array = Enumerable.Range(0, max).ToArray();
    calc();
    array = null;
}
```

래머군 　잠깐만. 천사양의 답이 코드를 늘리고 있어. 평소 천사양 답과는 다른데.

천사양 　악마씨 정도는 아니지. 게다가 추가한 코드는 매우 효율적이야.

래머군 　설명해줄래? 이 한 줄로 예외가 사라진 이유가 뭔지?

천사양 　이 프로그램이 Out of memory 예외를 발생시킨 이유는 배열이 계속 데이터를 저장하고 있기 때문이야. 하지만 이 배열 변수를 제거할 수는 없어. 왜냐하면 이 변수를 참조하고 있는 메서드가 calc인데, calc 메서드는 변경할 수 없다는 조건이 있거든. 하지만 calc 메서드가 종료된 후에는 계속 배열 객체를 보관할 이유가 없기 때문에 null을 대입해서 더는 필요하지 않다는 것을 시스템에 알려주는 거지. 그러면 이 배열 객체를 참조하는 변수는 사라지고 가비지 컬렉션(garbage collection)은 **이 객체가 필요 없다고 판단해서 객체를 회수**해버려.

래머군 　무슨 말인지 알겠어. calc 메서드가 종료된 후에는 객체가 확보한 배열을 버려도 결과에 영향을 주지 않는다는 얘기지?

악마씨 　이런, 나도 필요 없어져서 버림받은 느낌이야.

결말

천사양 　일반적으로 큰 객체를 계속 참조하고 있으면 그만큼 메모리 사용에 압박을 받아. 사용하지 않는 객체는 가능한 한 빨리 해제하는 것이 좋아.

악마씨 　근데 일일이 변수에 null을 넣으면 너무 귀찮지 않아?

천사양 　이 코드에서는 calc 메서드를 변경할 수 없다는 제약 때문에 클래스 멤버인 array를 제거할 수 없었어. 제약이 없다면 이 멤버는 생성자의 지역 변수로 설정하는 것이 좋아.

래머군 　알았어. 그렇게 하면 생성자가 실행을 종료한 순간에 '더는 필요 없어'하고 회수할 수 있는 거지?

천사양 　응. 이것으로 메모리 제약 문제를 어느 정도 해결할 수 있어.

악마씨 　그렇다면 내 방에 있는 쓰레기도 와서 바로 회수해주지?

천사양 　그건 쓰레기를 부지런히 버리지 않은 네 잘못이야.

1.9

해제했다고 생각한 메모리

 사건의 시작

래머군   큰일이야 천사양. Out of memory 예외가 발생해서 오래 저장할 필요가 없는 클래스 멤버를 생성자의 지역 변수로 옮겼는데도 계속 예외가 생겨. 천사양의 조언 대로 했는데도 이래.

악마씨   천사양이 거짓말한 거야.

래머군   거짓말은 네가 했어.

악마씨   이건 닷넷 프레임워크(.NET framework)의 버그야 분명. 인터넷 커뮤니티에 올리면 동의하는 사람이 많이 있을걸.

천사양   잠깐 기다려. 메모리 사용법이 틀린 거 아니야?

 래머군의 요청

래머군   이게 내가 만든 코드야.

```
using System;
using System.Linq;
using System.Collections.Generic;

class SimpleSum
{
    public Func<int> GetSum;
```

```
    public SimpleSum(int max)
    {
        int[] array = Enumerable.Range(0, max).ToArray();
        GetSum = () =>
        {
            return array.Sum();
        };
    }
}

class Program
{
    static void Main(string[] args)
    {
        var list = new List<SimpleSum>();
        for(int i = 0; i < 100000; i++)
        {
            list.Add(new SimpleSum(10000));
        }
    }
}
```

래머군 해결해야 할 과제는 다음과 같아.

- Out of memory 예외가 발생하지 않게 하고 싶다.

- 코드 수정은 최소한으로 하고 싶다.

악마씨의 답

```
using System;
using System.Linq;
using System.Collections.Generic;

class SimpleSum
```

```
{
    public Func<int> GetSum;

    public SimpleSum(int max)
    {
        int sum = Enumerable.Range(0, max).Sum();
        GetSum = () =>
        {
            return sum;
        };
    }
}

class Program
{
    static void Main(string[] args)
    {
        var list = new List<SimpleSum>();
        for(int i = 0; i < 100000; i++)
        {
            list.Add(new SimpleSum(10000));
        }
    }
}
```

악마씨 　결국 필요한 것은 합계기 때문에 배열은 저장하지 않고 합계만 저장하면 돼.

래머군 　근데 배열 값이 중간에 바뀌면 합계를 저장하고 있는 변숫값도 바뀌는 거야?

악마씨 　….

```
using System;
using System.Linq;
using System.Collections.Generic;

class SimpleSum
{
    public Func<int> GetSum;

    public SimpleSum(int max)
    {
        IEnumerable<int> enumAll = Enumerable.Range(0, max);
        GetSum = () =>
        {
            return enumAll.Sum();
        };
    }
}

class Program
{
    static void Main(string[] args)
    {
        var list = new List<SimpleSum>();
        for(int i = 0; i < 100000; i++)
        {
            list.Add(new SimpleSum(10000));
        }
    }
}
```

천사양 😇 왜 Out of memory 예외가 발생했는지 알아?

래머군 😊 모르지.

천사양 😇 래머군의 코드에서 지역 변수 array가 람다(lamda) 식에 캡처돼서 수명이 연장됐기 때문이야. 따라서 람다 식이 살아있는 동안 배열도 계속 살아있게 돼.

래머군 알았어. 람다 식 사용이 끝나면 null을 넣으면 되지?

천사양 아니, 이 경우에는 틀렸어. 왜냐하면 해당 값을 이용해서 항상 계산해야 하기 때문이야.

래머군 그렇긴 하지….

천사양 그럴 때는 int[]를 IEnumerable<int>로 바꾸면 돼.

래머군 그렇게 하면 뭐가 달라지는데?

천사양 **배열이 열거(Enumerable) 객체로 바뀌어.** 거대한 배열은 메모리를 엄청나게 잡아먹지만, **열거 객체는 데이터 자체를 저장하는 게 아니라 필요한 데이터를 반복해서 가져오는 방법을 알고 있는 거야.** 즉, 메모리를 압박하지 않게 돼.

래머군 데이터가 바뀌면 그에 해당하는 합계도 변해?

천사양 그럼. 열거할 때 계산이 이루어지기 때문에 변경된 합계를 구할 수 있어.

결말

악마씨 천사양. 이번에는 어떤 속임수를 쓴 거야?

천사양 속임수 같은 거는 쓰지 않아.

악마씨 애당초 IEnumerable<T>를 사용하는 자체가 비겁해. 너무 쉽잖아.

천사양 LINQ 메서드도 모두 IEnumerable<T>나 IQueryable<T>로 구현돼 있어. 자주 사용하는 기술이야.

악마씨 쳇!

래머군 프로그램이 가벼워져서 매우 기뻐. 마치 천사의 날개를 가진 것 같은 느낌이야.

천사양 그래서 내가 천사인 거지.

1.10

표현력이 과장된 형

 사건의 시작

래머군 　서로 다른 클래스에 있는 배열에서 공통 요소의 합계를 구하는 프로그램인데 예외가 발생했어. 수정해줄 수 있어?

악마씨 　예외랑은 친해져도 돼. 예외는 오류가 아니라서 아무 문제가 없어.

천사양 　아니야. 발생하는 예외를 최소한으로 줄여야 해. 나중에 그 예외 때문에 눈물을 흘릴 수 있어.

 래머군의 요청

```
using System;

class Submarine
{
    public int Males { get; private set; }
    public Submarine(int n)
    {
        Males = n;
    }
}

class Cruiser
{
```

```
        public int Males { get; private set; }
        public int Females { get; private set; }
        public Cruiser(int m, int f)
        {
            Males = m;
            Females = f;
        }
    }


    class Program
    {
        static void Main(string[] args)
        {
            object[] list = { new Submarine(30), new Cruiser(10, 20) };
            int sum = 0;
            foreach(dynamic item in list)
            {
                sum += item.Females;
            }
            Console.WriteLine("Males in ships are " + sum);
        }
    }
```

래머군 😊 다음과 같은 사항을 고민하고 있어. 에러를 알기 쉽게 만드는 방법 없을까?

- 잠수함(submarine)과 유람선(cruiser)에 탈 남녀 인원을 관리하고 있다.

- '잠수함에는 여성을 태우지 않는다'라는 말이 있듯이[1] 잠수함 클래스에는 남성 승무원만 있다. 하지만 유람선에는 남녀 모두 탑승한다.

- 남성 승무원 수를 카운트하려고 하지만, 실수로 여성 승무원 수를 카운트해서 실행 시 예외가 발생했다(sum += item.Females;가 아닌 sum += item.Males;여야 했다).

---

1 공간의 제약 때문에 일반적으로 잠수함에는 여성을 승선시키지 않는다고 한다. 여성을 위한 공간을 따로 준비해야 하지만, 잠수함에는 그럴 만한 여유가 없기 때문이다 – 옮긴이.

악마씨의 답

(※Submarine 클래스만 수정)

```
class Submarine
{
    public int Males { get; private set; }
    public int Females
    {
        get
        {
            throw new ApplicationException(@"여성은 잠수함에 탈 수 없습니다.
            Submarine 클래스의 Females는 가져올 수 없습니다.
            코드를 잘못 작성했을 가능성이 높으니 수정하기 바랍니다.");
        }
    }
    public Submarine(int n)
    {
        Males = n;
    }
}
```

악마씨 요약하자면 예외 메시지가 불친절했어. 자세한 설명이 적힌 예외를 미리 만들어두면 금방 해결되는 문제야.

래머군 이 작성법은 너무 부실해. Females 말고 다른 잘못된 것을 쓰면 결국 달라지는 게 없잖아.

악마씨 그런가?

 천사양의 답

```
using System;

class BaseShip
{
```

```
        public int Males { get; protected set; }
}

class Submarine:BaseShip
{
    public Submarine(int n)
    {
        Males = n;
    }
}

class Cruiser:BaseShip
{
    public int Females { get; private set; }
    public Cruiser(int m, int f)
    {
        Males = m;
        Females = f;
    }
}

class Program
{
    static void Main(string[] args)
    {
        BaseShip[] list = { new Submarine(30), new Cruiser(10, 20) };
        int sum = 0;
        foreach(var item in list)
        {
            sum += item.Females;
        }
        Console.WriteLine("Males in ships are " + sum);
    }
}
```

천사양 ⚬ 이 프로그램의 문제는 **object와 dynamic**을 사용한다는 점이야. 둘 다 어떤 데이터라도 저장해 버리는 마술 상자지.

래머군　아무 데이터나 넣을 수 있으면 편리한 거 아니야?

천사양　그렇지 않아. 아무 데이터나 넣을 수 있다는 말은 Females가 아닌 객체도 넣을 수 있다는 의미기 때문에 문제가 있지. 실행 시에 예외가 발생하거든.

래머군　그럼 어떻게 해결해야 돼?

천사양　object와 dynamic을 날리면 돼.

래머군　어떻게 날리는데?

천사양　상속이야. 남자 인원수만 가져오는 공통 클래스를 만들고 그것을 이용해서 잠수함 클래스와 유람선 클래스를 상속하는 거야. 배열을 공통 클래스의 형으로 만들어 두면 남성 인원수는 확실하게 가져올 수 있지만, 여성 인원수를 가져올 때는 컴파일 에러가 발생해.

결말

악마씨　천사양의 답도 제법 길어.

천사양　object와 dynamic을 날리는 데 필요한 코드를 추가한 것이기 때문에 문제없어.

래머군　질문 있어. BaseShip 클래스 없이 Submarine 클래스만 사용해도 될 것 같은데, 안 돼?

천사양　그렇게 하면 Submarine 클래스를 상속해서 Cruiser 클래스가 만들어져. "Cruiser is Submarine(유람선은 잠수함이다)"라는 잘못된 관계가 성립돼 버리지. 게다가 Submarine 클래스에만 잠수 기능을 넣는다면 구조가 망가질 거야. 별도로 공통 클래스를 만드는 게 좋아.

악마씨　잠수라면 내가 천사보다 잘 할걸?

천사양　근데 아직 Submarine 클래스에는 잠수 기능이 구현되지 않았어.

악마씨　헉!

1.11

표현력이 부족한 형

사건의 시작

래머군 공통형으로 데이터를 집약하는 접근법이 편리하긴 하지만, 각각 형이 다른 메서드를 호출할 때는 코드가 길어져서 번거로워. 형변환[1] 때문에 괄호도 많아져서 금세 지쳐버릴 수도 있고.

악마씨 게을러서 그래. 코드를 최대한 길게 작성해서 작성한 양만큼 돈을 주는 고객사에게 돈을 왕창 받아 내야지!

천사양 그런 꾀를 부려서는 안 돼. 간단한 코드일수록 유지 보수도 쉬워. 나중에 유지 보수 작업을 수월하게 하려면 장황하게 긴 코드는 피해야 해.

래머군의 요청

래머군 귀찮다고 생각하는 것은 다음 코드야.

```
using System;

class Base
{
}
```

---

1 형변환(cast)이란 강제로 형을 변환시키기 위한 연산이다. 형변환을 사용하기 위해선 바꾸고자 하는 대상 객체를 괄호를 사용해서 인수로 지정해야 하기 때문에 형변환을 남용하면 괄호가 많이 늘어날 수 있다 – 옮긴이.

```
class Extended : Base
{
    public void SayIt()
    {
        Console.WriteLine("I am Extended!");
    }
}

class Program
{
    static void Main(string[] args)
    {
        Base[] array = { new Base(), new Extended() };
        foreach(var item in array)
        {
            if(item is Extended)
            {
                ((Extended)item).SayIt();
            }
        }
    }
}
```

래머군 ((Extended)item).SayIt(); 부분에 괄호가 너무 많아. 괄호를 줄일 수 없을까?

악마씨의 답

(※Main 메서드만 수정)

```
static void Main(string[] args)
{
    Base[] array = { new Base(), new Extended() };
    foreach(var item in array)
    {
        var extended = item as Extended;
```

```
        if(extended != null)
        {
            extended.SayIt();
        }
    }
}
```

악마씨 형변환으로 생긴 괄호는 이제 없어졌어.

래머군 as 연산자로 바꾼 거구나. 그래도 null 체크가 있어서 번거롭기는 마찬가지야.

악마씨 정말?

천사양의 답

```
using System;
using System.Linq;

class Base
{
}

class Extended : Base
{
    public void SayIt()
    {
        Console.WriteLine("I am Extended!");
    }
}

class Program
{
    static void Main(string[] args)
    {
        Base[] array = { new Base(), new Extended() };
        foreach(var item in array.OfType<Extended>())
```

```
        {
            item.SayIt();
        }
    ]
}
```

래머군   천사양, 설명해줄래요?

천사양   OfType 메서드는 LINQ 메서드로 지정된 형의 데이터만 추출해서 해당 형으로 반환하는 메서드야. 따라서 item의 형은 Extended가 되는 거지. 결국 형변환 없이도 SayIt 메서드를 호출할 수 있게 돼.

 ## 결말

악마씨   뭐야, 또 마술을 사용한 거야? 그건 일반인들을 우롱하는 행위야.

천사양   마술은 사용하지 않았어.

래머군   OfType 메서드는 공식 매뉴얼에도 나와 있는데?

악마씨   정말?

천사양   매뉴얼 정도는 읽어 두는 게 어때?

악마씨   그건 무리야. 양이 너무 많아.

래머군   조금씩이라도 내가 사용하는 범위 정도는 읽도록 할게.

1.12

의미 없는 구조체 사용

 사건의 시작

래머군 　구조체를 사용하면 빠르다고 들었는데 오히려 느려졌어. 이유가 뭘까?

악마씨 　신앙심이 부족해서 그래. '빌 게이츠님 부탁드려요'하고 기도해봐.

천사양 　바보. 빌 게이츠는 한참 전에 CEO를 은퇴했는걸. 그리고 C#을 만든 건 빌 게이츠가 아니라 아네르스 하일스베르(Anders Hejlsberg)가 이끌었던 팀이야.

 래머군의 요청

래머군 　이게 문제의 프로그램이야.

```
using System;
struct TenNumbers
{
    public double t0, t1, t2, t3, t4, t5, t6, t7, t8, t9;
}

class Program
{
    private static double calc(TenNumbers t)
    {
        return t.t0 + t.t1 + t.t2 + t.t3 + t.t4 + t.t5 + t.t6 + t.t7 + t.t8
                                                                    + t.t9;
    }
```

```
static void Main(string[] args)
{
    var start = DateTime.Now;
    double sum = 0;
    for(int i = 0; i < 100000000; i++)
    {
        sum += calc(new TenNumbers());
    }
    Console.WriteLine(sum);
    Console.WriteLine(DateTime.Now-start);
}
}
```

래머군 다음 문제를 수정할 수 있는 가장 좋은 방법은 무엇일까?

- 개발 PC에서 실행하면 3.5초 정도가 걸린다.

- 그런데 struct를 class로 바꾸면 2.6초로 실행 시간이 줄어든다.

악마씨의 답

```
using System;
using System.Linq;

struct TenNumbers
{
    public double[] t;
}

class Program
{
    private static double calc(TenNumbers p)
    {
        return p.t[0] + p.t[1] + p.t[2] + p.t[3] + p.t[4] + p.t[5] + p.t[6] +
                                              p.t[7] + p.t[8] + p.t[9];
    }
```

```
    static void Main(string[] args)
    {
        var start = DateTime.Now;
        double sum = 0;
        for(int i = 0; i < 100000000; i++)
        {
            sum += calc(new TenNumbers() { t = new double[10] });
        }
        Console.WriteLine(sum);
        Console.WriteLine(DateTime.Now - start);
    }
}
```

악마씨 이렇게 하면 되지 않아?

래머군 어느 부분을 개선한 거야?

악마씨 구조체를 인수로 사용하면 통째로 복사되기 때문에 구조체의 크기를 줄였어.

래머군 배열로 바꿨는데 어떻게 크기가 줄어들었단 얘기야?

악마씨 배열은 참조형이라서 아무리 크기가 늘어나도 사실은 참조만 저장하기 때문에 크기는 그대로야.

래머군 빨라지긴 했는데 class를 사용했을 때만큼 빠르지는 않아.

악마씨 정말?

 천사양의 답

천사양 struct를 class로 바꾸기만 하면 돼. 이걸로 모든 문제 해결!

래머군 그렇게 쉽단 말이야?

 결말

래머군 설명해줘.

천사양 클래스를 구조체로 바꾸면 속도가 빨라진다는 말은 작은 크기의 데이터가 **많을 때만 해당되는 얘기야.** 데이터가 크거나 수가 적은 경우에는 오히려 느려질 수도 있어.

래머군 이 경우에는 데이터가 큰 거야? 멤버는 10개 정도밖에 되지 않아.

천사양 아니, 10개는 이미 많아. **구조체를 인수로 사용하면 통째로 복사되기 때문에** 호출을 반복하면 속도가 엄청나게 느려지거든.

악마씨 천사양은 한 명만 있어도 너무 많은 느낌이야.

래머군 알았어. 이럴 때는 class를 사용하는 게 좋다는 얘기지?

천사양 사실 구조체가 제대로 활약할 기회는 많지 않아.

악마씨 천사양도 활약을 자제하면 좋겠어.

천사양 당신은 말이 너무 많아요. 발언 기회를 줄여야겠어.

1.13

포인터 사용

사건의 시작

래머군 　포인터를 사용하면 빨라진다든가 포인터를 숙지해야지만 제대로 된 개발자로 인정받는다는 얘기를 들었어.

악마씨 　그래 맞아. 포인터는 남자의 로망이야.

천사양 　그건 정말 시대에 뒤떨어진 발상이야. 포인터가 뭔지는 알고 있어?

래머군 　나는 뭔지 배우고 싶어.

악마씨 　개 품종 중 하나야.

천사양 　… 바보인 게 확실해.

래머군의 요청

래머군 　이 프로그램의 속도를 개선할 수 없을까?

```
using System;

class Program
{
    static void Main(string[] args)
    {
        var start = DateTime.Now;
        for(int j = 0; j < 10000; j++)
```

```
        {
            var ar = new byte[100000];
            ar[ar.Length - 1] = (byte)(j + 1);
            for(int i = 0; i < ar.Length; i++)
            {
                if(ar[i] != 0) Console.WriteLine("Found number is {0}", ar[i]);
            }
        }
        Console.WriteLine(DateTime.Now - start);
    }
}
```

래머군　 포인터를 사용할까 생각 중인데 잘 모르겠어.

- 이 프로그램에 포인터를 적용해서 개선하고 싶다.

- 특히 ar[i]가 번거롭기 때문에 포인터의 *p 같이 간략한 기호로 바꾸고 싶다.

- 어떻게 하면 포인터를 사용할 수 있나?

- 어떻게 하면 ar[i]를 *p로 바꿀 수 있나?

악마씨의 답

```
using System;

class Program
{
    static void Main(string[] args)
    {
        var start = DateTime.Now;
        for(int j = 0; j < 10000; j++)
        {
            unsafe
            {
                var ar = new byte[100000];
```

```
            ar[ar.Length - 1] = (byte)(j+1);
            fixed (byte* ps = ar)
            {
                byte* p = ps;
                for(int i = 0; i < ar.Length; i++)
                {
                    if(*p != 0) Console.WriteLine("Found number is {0}",
                                                                      *p);
                    p++;
                }
            }
        }
    }
    Console.WriteLine(DateTime.Now - start);
    }
}
```

악마씨   야호! 멋있게 포인터를 적용했어. 난 남자야!

래머군   ar[i]가 *p로 바뀌긴 했어. 그런데 컴파일이 안 돼.

악마씨   프로젝트 속성에서 어셈블리 코드 실행을 허용하면 돼.

래머군   앗, 실행됐다! 내 PC에서는 실행 시간이 4초로 나오는데?

 천사양의 답

천사양   이 경우는 포인터를 사용하는 의미가 없어. 다시 말해서, 한 줄도 손을 댈 필요가 없어.

래머군   그래도 코드를 개선하고 싶어.

천사양   실행 시간을 볼래?

래머군   약 4초…. 거의 차이가 없네.

천사양   악마씨의 코드는 분명 포인터를 사용하고 있어. 하지만 속도가 빨라지진 않았어. 이걸로 개선됐다고 얘기할 수 있을까?

래머군 아니, 개선되지 않았어.

 ## 결말

악마씨 왜? 왜? 고생해서 포인터를 사용하도록 변경했더니 적용하지 않겠다고?

래머군 응, 좋은 점이 별로 없어.

악마씨 쳇!

천사양 일반적으로 **C#의 포인터는 단점이 많아서** 잘 사용하지 않아. 드물게 유용할 때도 있지만, 보안상의 문제로 실행할 수 없는 경우가 점점 늘고 있어. 따라서 사용하지 않는 것이 좋아.

래머군 그런 제약을 모르고 사용하는 사람도 있겠지?

천사양 아니, 거의 없어.

래머군 왜?

천사양 프로젝트 설정에서 허용하지 않으면 쓸 수 없기 때문이야. 따라서 일부러 포인터를 사용하려고 하지 않는 이상 사용할 수 없어.

악마씨 그래도 포인터는 멋있어. 남자라면 사용하고 싶어질걸.

천사양 그 발상은 조선 시대의 발상이라니까. C언어 시대의 유물이야. 예전에는 위험한 포인터가 언어 사양에 포함돼 있다는 것만으로 C#을 무시했던 언어 설계자도 있었어. 지금은 포인터를 꽁꽁 묶어놔서 그렇게 위험하지는 않지만.

악마씨 어떻게 그걸 장담할 수 있지?

천사양 제약이 너무 심해서 아무도 사용하려고 하지 않아. 게다가 억지로 사용하려고 해도 할 수 있는 게 제한돼 있고.

래머군 나는 어떡하면 좋지?

천사양 정말 필요하다고 생각될 때까지는 C#의 포인터는 잊는 게 좋아. 아마 99퍼센트 이상의 확률로 죽기 전까지 사용할 일이 없을 거야.

1.14

불필요한 형변환 남용

 사건의 시작

래머군 형변환이 많은 코드를 보면 맥이 빠져.

악마씨 그러면 as 연산자로 바꿔버려.

래머군 as 연산자를 사용할 수 없을 때가 있어. 게다가 as 연산자를 사용한다고 달라지는 것도 없고.

천사양 형변환은 실행 시 예외가 발생할 위험이 있기 때문에 꼭 필요한 게 아니라면 자제하는 것이 좋아.

 래머군의 요청

래머군 이 프로그램의 형변환을 줄이고 싶어.

```csharp
using System;

class Program
{
    static void Main(string[] args)
    {
        int a = 0x48;
        int b = 0x65;
        byte[] array = new byte[8];
        array[0] = (byte)a;
```

```
            array[1] = (byte)b;
            array[2] = (byte)0x6c;
            array[3] = (byte)0x6c;
            array[4] = (byte)0x6f;
            array[5] = (byte)0x20;
            array[6] = (byte)0x43;
            array[7] = (byte)0x23;
            for(int i = 0; i < array.Length; i++)
            {
                Console.Write((char)array[i]);
            }
        }
    }
}
```

래머군 이 프로그램을 실행하면 Hello C#이 출력돼.

악마씨의 답

```
using System;

class Program
{
    static void Main(string[] args)
    {
        int a = 0x48;
        int b = 0x65;
        byte[] array = new byte[8];
        array[0] = (byte)a;
        array[1] = (byte)b;
        array[2] = 0x6c;
        array[3] = 0x6c;
        array[4] = 0x6f;
        array[5] = 0x20;
        array[6] = 0x43;
        array[7] = 0x23;
        for(int i = 0; i < array.Length; i++)
```

```
            {
                Console.Write((char)array[i]);
            }
        }
    }
}
```

악마씨 래머군의 코드에는 함정이 있어.

래머군 🙂 어떤 함정인데?

악마씨 array[0] = (byte)a;에는 형변환이 필요해. int를 byte로 변환해야 하기 때문에 형변환 없이는 대입할 수가 없어.

래머군 🙂 그건 알아.

악마씨 그런데 상대가 상수라면 형변환이 필요 없어. 따라서 array[2] = (byte)0x6c;에서는 형변환을 빼도 돼.

 ## 천사양의 답

```
using System;

class Program
{
    static void Main(string[] args)
    {
        char a = 'H';
        char b = 'e';
        char[] array = new Char[8];
        array[0] = a;
        array[1] = b;
        array[2] = 'l';
        array[3] = 'l';
        array[4] = 'o';
        array[5] = ' ';
        array[6] = 'C';
        array[7] = '#';
```

```
        for(int i = 0; i < array.Length; i++)
        {
            Console.Write(array[i]);
        }
    }
}
```

천사양 악마씨의 답은 반만 정답이야. 애초부터 무엇이 문제였는지를 파악할 필요가 있어. **래머군의 프로그램은 문자만 다루고 있지만**, 수치형인 int나 byte를 사용하고 있다는 게 문제야. 게다가 일관성도 없어. **문자를 의미하는 char형으로 전부 통일하면 형변환을 모두 제거할 수 있어.**

래머군 형변환을 전부 없애다니 놀라워. 가능하구나.

천사양 단, byte를 char로 변경했기 때문에 배열 객체의 메모리 소비량이 2배로 늘었어. 큰 데이터에 이런 작성법을 적용하면 메모리가 부족할 수 있으니 주의하도록 해.

결말

악마씨 형을 바꿔버리다니 교활한 짓이야.

천사양 아니, 오히려 **형의 오용을 가장 먼저 검증해야 해.** 이것도 중요한 사항이야.

래머군 형의 오용이라는 게 뭐야?

천사양 문자 하나를 저장하는데 char가 아닌 string을 사용한다든가, 0과 1밖에 사용하지 않으면서 큰 정수형인 long형을 사용한다든가, 수치를 저장하는데 문자열 char형을 사용한다든가 등등이 형의 오용이지.

악마씨 하지만 형의 오용이란 거 오히려 재미있어. 수치형이라고 생각했는데 실제로는 문자가 들어있으면 놀라지 않겠어?

래머군 코드 읽는 사람이 놀라야 할 이유는 없어. 빨리 버그를 찾고 싶을 뿐이지.

천사양 앗, 여기 버그가 있어.

악마씨 난 이 사회의 버그가 아니야!

1.15

클래스 하나로 증후군

 사건의 시작

래머군 　 이상하게 클래스 수가 적은 코드를 만났어. 클래스가 적으면 뭔가 이상한 거 아니야?

악마씨 　 괜찮아. 에너지 절약도 하고 경제적이야.

래머군 　 그런가?

악마씨 　 그 프로그램에 빠진 기능이 있어?

래머군 　 아니. 근데 버그가 잘 발생하긴 해.

악마씨 　 그러면 괜찮은 거 아냐?

천사양 　 **눈에 띄게 균형이 맞지 않는 코드는 건강한 코드가 아니야.**

 래머군의 요청

래머군 　 이게 바로 문제의 코드야.

```
using System;
using System.Collections.Generic;

class Program
{
    private static List<string> customers = new List<string>();
```

```
    private static List<string> products = new List<string>();
    public static void AddCustomer(string customer)
    {
        customers.Add(customer);
    }
    public static void AddProducts(string product)
    {
        products.Add(product);
    }

    static void Main(string[] args)
    {
        AddCustomer("전세계 슈퍼 대기업");
        AddProducts("자동차 엔진 링크스");
        AddProducts("즉석 라면 순라면");
    }
}
```

래머군   이 코드에 대한 자세한 설명은 다음과 같아.

- 고객 정보와 상품 정보를 관리하기 위한 코드다.

- AddCustomer는 고객을, AddProducts는 상품을 추가하는 메서드다.

- 이 코드는 버그가 잘 생긴다.

- 예를 들어 AddProducts 메서드로 상품이 아닌 고객 정보를 변경하는 일이 발생한다.

악마씨의 답

```
using System;
using System.Collections.Generic;

class Customer
{
    public string CustomerName;
```

```
    }

class Product
{
    public string ProductName;
}

class Program
{
    private static List<Customer> customers = new List<Customer>();
    private static List<Product> products = new List<Product>();
    public static void AddCustomer(string customer)
    {
        customers.Add(new Customer() { CustomerName = customer });
    }
    public static void AddProducts(string product)
    {
        products.Add(new Product() { ProductName = product });
    }

    static void Main(string[] args)
    {
        AddCustomer("전세계 슈퍼 대기업");
        AddProducts("자동차 엔진 링크스");
        AddProducts("즉석 라면 순라면");
    }
}
```

악마씨   그러니까 고객 정보와 상품 정보 둘 다 string형이어서 구별이 안 된다는 거지? 구별할 수 있도록 클래스를 정의했어.

래머군   근데 코드가 너무 길어졌어.

천사양의 답

```csharp
using System;
using System.Collections.Generic;

class Customer
{
    private static List<string> customers = new List<string>();
    public static void Add(string customer)
    {
        customers.Add(customer);
    }
}

class Product
{
    private static List<string> products = new List<string>();
    public static void Add(string product)
    {
        products.Add(product);
    }
}

class Program
{
    static void Main(string[] args)
    {
        Customer.Add("전세계 슈퍼 대기업");
        Product.Add("자동차 엔진 링크스");
        Product.Add("즉석 라면 순라면");
    }
}
```

천사양   이전 코드의 문제는 서로 연관이 없는 정보들을 하나의 클래스로 묶은 데 있어.
명칭이 string형인 것은 자주 있는 일이고 그래서 구별이 안 되는 것도 자주 있는
일이야. 여기서는 명칭에 별도의 형을 부여하기보다는 **대상 데이터 단위로 클래스**

를 나눌 필요가 있어.

래머군 이렇게 하면 상품 클래스에서 실수로 고객 데이터를 등록하는 일은 없겠네. 이제 안심이다.

천사양 🙂 클래스가 너무 적다는 문제도 이걸로 해결됐어.

래머군 🙂 정말 그러네.

🎬 결말

악마씨 😈 그런데 천사양의 코드를 보면 `AddCustomer`가 `Customer.Add`로 변경됐어. 호환되지 않는데 괜찮은 거야?

천사양 😇 그건 모든 클래스에서 추가 기능을 하는 메서드의 이름으로 `Add`를 사용하기 때문이야. 예전 코드는 클래스가 하나였기 때문에 같은 이름을 사용할 수 없었지만, 여기에서는 클래스를 분리했기 때문에 문제가 없어.

래머군 😀 아, 이름까지 고려한 거였구나.

천사양 😇 서로 다른 클래스에서 이름이 같은 메서드를 사용하는 경우는 많아. 그렇게 하면 **기억하기도 쉬워서 편리하고**.

악마씨 😈 기억하기 싫어서 머리를 써서 방법을 생각한다는 거야? 모순 아닌가?

천사양 😇 괜찮아. **나태해지기 위해 전력을 다해 생각하는 것이** 이 세상을 즐겁게 살아갈 수 있는 비법이니까.

이거 왜 이래? 클래스가 너무 적은데

너 학교는 다니고 있는 거야?

우리 학교도 클래스
(영어로 class는 학교의
'반'이라는 의미도 있음—
옮긴이)가 하나밖에 없었
어
게다가 전부 남자였어

1.16

모두 public으로 증후군

 사건의 시작

래머군 C#의 수치 계산 기능에 버그가 있는 것 같아. 1과 1을 더하면 0.54가 되질 않나 아무튼 결과가 좀 이상해.

악마씨 그래 맞아. 이상한 결과가 나오면 대부분은 C#의 버그야.

천사양 잠깐만. 좀 더 자세하게 얘기해줄래?

래머군 다른 사람이 만든 클래스를 사용했는데, 설정한 값을 꺼내서 계산만 한 건데도 결과가 이상해.

천사양 코드를 볼 수 있을까?

악마씨 봐도 소용없어. 분명 C#의 버그야.

 래머군의 요청

래머군 이게 문제의 코드야.

```
using System;
class Product
{
    /// <summary>
    /// 길이 : 센티
    /// </summary>
```

```
    public double length;
    /// <summary>
    /// 길이 : 인치
    /// </summary>
    public double Length
    {
        get { return length * 2.54; }
        set { length = value / 2.54; }
    }
}

class Program
{
    static void Main(string[] args)
    {
        var p = new Product();
        p.Length = 1;
        p.Length = p.length + 1;
        Console.WriteLine(p.length);
    }
}
```

래머군 😊 이 프로그램은 2라는 결과가 나와야 하지만, 실행하면 0.548701094702195가 돼버려. 원인이 뭘까? 수정 방법을 알고 싶어. 그리고 재발 방지 방법도.

악마씨의 답

악마씨 👺 C#의 버그야. 다른 컴파일러를 사용하면 괜찮을걸.

래머군 😊 다른 컴파일러?

악마씨 👺 설마 C# 컴파일러가 마이크로소프트밖에 없다고 생각하는 건 아니지?

래머군 😊 다른 게 있어?

악마씨 👺 모노(Mono)의 C# 컴파일러를 사용해 봐. 아마 원하는 결과를 얻을 수 있을걸?

래머군 😊 아마라고 하는 걸 보니 확인은 안 해본 거지?

악마씨 하진 않았지만 내 말이 맞을 거야.

래머군 흠….

천사양의 답

```csharp
using System;

class Product
{
    /// <summary>
    /// 길이 : 센티
    /// </summary>
    private double length;
    /// <summary>
    /// 길이 : 인치
    /// </summary>
    public double Length
    {
        get { return length * 2.54; }
        set { length = value / 2.54; }
    }
}

class Program
{
    static void Main(string[] args)
    {
        var p = new Product();
        p.Length = 1;
        p.Length = p.Length + 1;
        Console.WriteLine(p.Length);
    }
}
```

천사양 　원인은 Length와 length를 섞어 써서 그런 거야.

래머군 　비슷해서 눈치채지 못했어.

천사양 　대책은 Length로 통일하는 거야. 이렇게 하면 항상 단위 변환이 이루어지기 때문에 결과는 예측한 대로 2가 나와.

래머군 　수치가 깨지는 이유는 Length에 있는 단위 변환 처리 때문이구나. 클래스의 코드를 안 읽어봐서 몰랐어.

천사양 　재발을 방지하려면 소문자 length를 **public에서 private으로 변경**하면 돼. 이렇게 하면 외부에서는 항상 인치로 처리하지만, 내부에서는 항상 센티미터로 처리할 수 있거든.

래머군 　알았어. **처음부터 private으로 지정하면 컴파일 에러를 통해 대문자와 소문자 차이를 발견할 수 있다는 거구나.**

결말

악마씨 　뭐야. 나 왕따야?

래머군 　너무 감정적으로 생각하지 마.

천사양 　귀찮다고 클래스 멤버를 모두 public으로 설정하면 접근 위치가 잘못되서 완전히 상반된 값이 나올 수도 있어. 치명상을 입는 거지. 그때는 외부에 공개할 멤버를 제한하는 것이 좋아. 그러면 인텔리센스에 나오는 후보들도 줄일 수 있고 선택하기도 쉬워져.

래머군 　알겠어. 모든 public 코드에 주의할게. 앞으로 private을 활용하겠어.

악마씨 　나는 천사양의 프라이빗이 신경 쓰이는데(private은 사생활이라는 뜻도 있음－옮긴이).

천사양 　남자 친구랑 데이트하지.

악마씨 　잉? 남자 친구가 있어?

천사양 　농담이야. 후후.

1.17

모두 static으로 증후군

사건의 시작

래머군 번거로운 코드를 수정하라는 지시를 받았어. 제대로 수정하려면 어떻게 해야 할까?

악마씨 어떤 코드인데?

래머군 인수가 여기저기에 너무 많이 사용됐어.

악마씨 메서드 기능을 늘리면 인수도 늘어나는 게 당연해. 자신 있게 작업하면 돼.

천사양 인수를 정리할 수 있는 여러 가지 기술이 있어. 일단 코드를 보여줘.

래머군의 요청

래머군 이게 내가 말한 프로그램이야. 문제를 정리해서 알아 보기는 쉬운데, 메서드들이 다 불필요한 인수를 많이 사용하고 있어.

```
using System;
using System.IO;

static class CWC
{
    public static TextWriter Create()
    {
        return File.CreateText("sample,txt");
```

```
    }
    public static void Close(TextWriter writer)
    {
        writer.Close();
    }
    public static void Write(TextWriter writer)
    {
        writer.WriteLine("Samole Message");
    }
}

class Program
{
    static void Main(string[] args)
    {
        var writer = CWC.Create();
        CWC.Write(writer);
        CWC.Close(writer);
    }
}
```

래머군 인수를 줄이기 위한 좋은 방법이 없을까?

악마씨의 답

```
using System;
using System.IO;

static class CWC
{
    private static TextWriter writer;
    public static void Create()
    {
        writer = File.CreateText("sample.txt");
    }
```

```
    public static void Close()
    {
        writer.Close();
    }
    public static void Write()
    {
        writer.WriteLine("Samole Message");
    }
}

class Program
{
    static void Main(string[] args)
    {
        CWC.Create();
        CWC.Write();
        CWC.Close();
    }
}
```

악마씨 어때? 인수가 줄었지?

래머군 이렇게 해서는 복잡한 처리를 병행할 수가 없어.

악마씨 그런가?

천사양의 답

```
using System;
using System.IO;

class CWC
{
    private TextWriter writer;
    public void Create()
    {
```

```
    {
        writer = File.CreateText("sample.txt");
    }
    public void Close()
    {
        writer.Close();
    }
    public void Write()
    {
        writer.WriteLine("Samole Message");
    }
}


class Program
{
    static void Main(string[] args)
    {
        var cwc = new CWC();
        cwc.Create();
        cwc.Write();
        cwc.Close();
    }
}
```

천사양 　래머군의 코드를 복잡하게 만드는 것은 인수가 아니라 static이야.

래머군 　거기까지는 생각하지 못했어.

천사양 　메서드를 전부 static으로 선언해버리면 new 없이도 사용할 수 있기 때문에 편하다고 느낄 수도 있어. 따라서 static을 붙이고 싶은 마음도 이해는 되지만, **복잡한 처리에서 여러 처리를 병렬로 실행할 때는 static을 사용하지 않는 것이 좋아.**

래머군 　static의 의미를 다시 생각해 봐야겠는데.

결말

악마씨 천사양, 무얼 그렇게 고생스럽게 작업하고 있어?

천사양 옛날 코드에서 static을 전부 지우고 있어. 옛날에는 단일 사용자용 데스크톱 애플리케이션이 많았지만, 요즘에는 모두 웹 시스템이기 때문에 여러 사람이 동시에 작업을 하거든.

악마씨 뭐야, 천사양도 static을 사용하고 있잖아.

천사양 한 곳에서만 사용된다는 것을 알고 있다면 static을 사용해야 해.

래머군 결국 static은 상황에 맞게 사용해야 하는 거구나.

1.18

using문을 사용하지 않는 증후군

 ## 사건의 시작

래머군   1.17절에서 천사양이 알려준 답변에 불만이 제기됐어.

악마씨   쌤통이다.

천사양   어떤 문젠데?

래머군   예외가 발생했을 때 대책이 없대.

천사양   래머군이 그 문제는 지적하지 않아서 거기까지는 확인하지 못했어.

래머군   이번에는 문제를 제기할 테니까 해결책을 알려줘.

 ## 래머군의 요청

래머군   다음 코드는 예외로 실행이 중단될 때 파일을 닫지 않아서 문제가 되고 있어.
     예외가 발생하더라도 파일을 제대로 닫아 주어야 해.

```
using System;
using System.IO;

class CWC
{
    private TextWriter writer;
    public void Create()
```

```
    {
        writer = File.CreateText("sample.txt");
    }
    public void Close()
    {
        writer.Close();
    }
    public void Write()
    {
        throw new ApplicationException("Sample Exception");
    }
}

class Program
{
    static void Main(string[] args)
    {
        var cwc = new CWC();
        cwc.Create();
        cwc.Write();
        cwc.Close();
    }
}
```

 악마씨의 답

```
using System;
using System.IO;

class CWC
{
    private TextWriter writer;
    public void Create()
    {
```

```csharp
        writer = File.CreateText("sample.txt");
    }
    public void Close()
    {
        writer.Close();
    }
    public void Write()
    {
        try
        {
            throw new ApplicationException("Sample Exception");
        }
        catch(Exception)
        {
            Close();
            throw;
        }
    }
}

class Program
{
    static void Main(string[] args)
    {
        var cwc = new CWC();
        cwc.Create();
        cwc.Write();
        cwc.Close();
    }
}
```

악마씨 예외는 캐치(catch)했어. 파일도 닫았고. 그리고 예외를 다시 던지는(throw) 것
도 했어.

천사양의 답

```csharp
using System;
using System.IO;

class CWC : IDisposable
{
    private TextWriter writer = null;
    public void Create()
    {
        writer = File.CreateText("sample.txt");
    }
    public void Close()
    {
        Dispose();
    }
    public void Write()
    {
        throw new ApplicationException("Sample Exception");
    }
    public void Dispose()
    {
        if(writer != null) writer.Close();
    }
}

class Program
{
    static void Main(string[] args)
    {
        try
        {
            using(var cwc = new CWC())
            {
                cwc.Create();
                cwc.Write();
```

```
                }
            }
        catch(Exception e)
        {
            Console.WriteLine(e);
        }
    }
}
```

천사양 　 어떤 경우에도 파일을 닫아야 한다면 **IDisposable** 인터페이스와 **using** 문을 사용하는 것이 기본이야.

래머군 　 결국 try-catch문을 이용해서 예외를 캐치하고 있는데?

천사양 　 이 경우는 확실하게 파일을 닫는 것이 조건이야. 하지만 예외를 던진 상태에서 실행이 중단되면 영원히 파일이 닫히지 않을 가능성이 있어. 따라서 1회 캐치를 하는 거지.

결말

악마씨 　 내 코드가 더 똑똑한 코드 같아.

천사양 　 악마씨의 답은 try 구문으로 감싼 곳에서만 Close가 실행돼. 하지만 IDisposable 인터페이스를 구현해서 using문과 함께 사용하면 어디서 예외가 발생하든 반드시 Close가 실행돼.

래머군 　 코드가 복잡해지면 오히려 천사양의 방법이 더 깔끔할 것 같아.

천사양 　 인터넷에서 짧은 코드만 올려놓고 긴 코드는 쓰지 않는 사람도 많이 있어. 매우 편리한 코드라고 주장은 하지만, 복잡한 코드에 적용하면 오히려 동작하지 않는 경우가 있어.

악마씨 　 내 얘기 하는 거 아니지?

1.19

다중 언어 프로그래밍을 모른다

 사건의 시작

래머군 　　나는 C# 프로그래머야.

악마씨 　　알아.

래머군 　　그런데 비주얼 베이직(Visual Basic)으로 작성된 코드를 주면서 여기에 있는
　　　　 클래스를 사용하래.

천사양 　　저런, 불쌍하다.

 래머군의 요청

래머군 　　실제로 좀 더 복잡한 코드였는데, 설명을 쉽게 하려고 코드를 단순화했어. 이
　　　　 코드를 사용해야 하는데, 나는 C# 프로그래머라서 이 코드를 읽을 수가 없어.

```
Public Class Class1
    Public Sub Sample()
        Console.WriteLine("I'm in Visual Basic")
    End Sub
End Class
```

악마씨의 답

악마씨 비주얼 베이직을 공부해. 그래서 코드를 전부 C#으로 바꾸면 되잖아.

래머군 내일까지 끝내야 하는 일이야. 그럴 시간이 없어.

천사양의 답

Class1.vb

```
Public Class Class1
    Public Sub Sample()
        Console.WriteLine("I'm in Visual Basic")
    End Sub
End Class
```

Program.cs

```
using System;

class Program
{
    static void Main(string[] args)
    {
        var vb = new ClassLibrary1.Class1();
        vb.Sample();
    }
}
```

천사양 하나의 솔루션에 비주얼 베이직 클래스 라이브러리 하나와(ClassLibrary1) C#
콘솔 애플리케이션(ConsoleApplication1)이 있다는 것이 전제 조건이야. 그리고 콘
솔 애플리케이션에서 클래스 라이브러리를 참조하는 코드야.

래머군 Class1.vb는 전혀 모르겠지만 Program.cs는 읽을 수 있어. VB 코드를 참조
해서 이용하는 거지?

결말

악마씨 🦇 어떤 속임수를 쓴 거야? 서로 다른 언어잖아?

천사양 👼 비주얼 베이직도 C#처럼 닷넷 프레임워크에서 동작하는 프로그래밍 언어야. **두 언어가 공존**할 수 있는 거지.

래머군 😀 질문! 자바스크립트나 TypeScript처럼 닷넷 프레임워크에서 동작하지 않는 언어들은 C#이랑 공존할 수 없어?

천사양 👼 그래 맞아. 하지만 한 시스템에서 C#과 자바스크립트를 함께 실행하는 경우는 거의 없고 대부분 통신 회선을 통해 JSON 데이터를 교환해서 작업하지. 그럴 때는 어떤 프로그래밍 언어든 JSON 데이터를 사용할 수 있기 때문에 공존하는 데 문제가 없어.

래머군 😀 알았어. 활용해 볼게.

천사양 👼 하지만 의미 없이 언어를 혼용하면 생산성을 떨어뜨릴 수 있기 때문에 주의해야 해. 가능하다면 프로그래밍 언어는 하나로 통일하는 것이 유리해.

악마씨 🦇 나도 질문! 천사양과 나는 공존할 수 있는 거야?

천사양 👼 그건 어렵다고 봐.

악마씨 🦇 쳇.

1.20
const를 사용할 수 있는데
일반 변수를 사용하는 문제

 사건의 시작

래머군 🙂 이게 뭐지? 누가 좀 도와줘.

악마씨 😈 내가 뭐든 도와줄게.

래머군 🙂 지정한 몰(mol) 수에 아보가드로 상수를 곱하는 프로그램을 만들었어.

악마씨 😈 뭔가 샌다고? 오줌이 샌다는 얘기야? 천사양 오줌 쌌어?[1]

천사양 😇 바보! 그게 아냐! 물질의 분자량에 그램(g)을 붙여서 표현한 것으로 물질의 양에 가까워.

악마씨 😈 래머군은 무슨 얘긴지 알아?

래머군 🙂 모르지. 난 그저 연구원이 말한 대로 수식을 만들었을 뿐이야.

악마씨 😈 그럼 아보카도[2]는?

천사양 😇 아보가드로 상수(Avogadro constant)야! 1몰의 구성 입자 속에 들어 있는 입자의 수로 대략 6.02 곱하기 10의 23승 값이야.

악마씨 😈 래머군은 무슨 얘긴지 알아?

래머군 🙂 모르지. 난 그저 연구원이 말한 대로 수식을 만들었을 뿐이라니까.

천사양 😇 그런데 뭐가 곤란한 거야?

---

1 일본어로 몰(mol)은 모루(もる)로 액체가 샌다는 의미도 있다 – 옮긴이.
2 아보카도는 열대 과일 이름이다 – 옮긴이.

래머군 　애써서 아보가드로 상수를 정의했는데 동료가 그만 아보카도 수로 덮어쓰기 해 버렸어. 덕분에 결과가 이상해졌어.

래머군의 요청

래머군 　이게 원래 코드야.

```
using System;

class Program
{
    private static double avogadro = 6.02E23;
    static void Main(string[] args)
    {
        double mol = 10;
        Console.WriteLine("{0}mol의 물에 포함되는 물 분자{1}개 입니다",
                                                mol, mol*avogadro);
    }
}
```

래머군 　Main 메서드의 시작 부분에 동료가 다음 코드를 마음대로 추가해버렸어.

```
avogadro = 10;
Console.WriteLine("오늘 산 아보카도의 개수는 {0}개 입니다", avogadro);
```

래머군 　덕분에 6.02E23였던 avogadro 값이 10으로 바뀌어서 계산 결과도 이상해졌어. 이런 실수를 예방하는 방법이 없을까?

악마씨의 답

```
using System;

class Program
{
```

112

```
    private static double a;
    private static double avogadro
    {
        get { return a; }
        set
        {
            if(value != 6.02E23) throw new
                ArgumentException("아보가드로 상수는 6.02E23만 설정할 수 있다");
            a = value;
        }
    }
    static void Main(string[] args)
    {
        avogadro = 10;
        Console.WriteLine("오늘 산 아보카도 개수는 {0}개 입니다", avogadro);

        double mol = 10;
        Console.WriteLine("{0}mol의 물에 포함되는 물 분자는 {1}개 입니다",
                                                    mol,mol*avogadro);
    }
}
```

악마씨 🦹 그러니까 6.02E23이 아닌 값은 대입을 모두 거부하면 되는 거 아니야? 이렇게 하면 돼.

래머군 🙂 아, 근데 그 값은 정확한 값이 아니야. 6.02214129E23이래. 만약 이 값을 넣었는데 예외가 발생하면 불만이 제기될 수 있어.

천사양 👼 게다가 실행 시에 예외가 발생하는 것은 현명한 방법이 아니야. 가능하면 컴파일 단계에서 잘못된 부분을 찾을 수 있어야 해.

천사양의 답

천사양 👼 다음 코드만 고치면 돼.

```
private static double avogadro = 6.02E23;
```

천사양 　다음과 같이 수정하면 avogadro는 영원히 수정할 수 없어.

```
private const double avogadro = 6.02E23;
```

래머군 　좀 더 정확한 값으로 바꿀 수 있을까?

천사양 　이 코드에서는 얼마든지 값을 바꿔도 괜찮아.

 ## 결말

래머군 　static을 const로 바꾸기만 하면 되는구나.

천사양 　맞아.

래머군 　const의 역할은 뭐야?

천사양 　**상수의 정의.** 다시 말해서, **변경할 수 없는 수를 정의하는 거야.** 어떤 일이 있어도 바뀌지 않는 물리 상숫값은 이렇게 정의해 두면 누군가의 실수로 변경될 위험을 줄일 수 있어.

래머군 　이것 말고도 const를 사용하는 예가 있어?

천사양 　원주율을 나타내는 Math.PI도 const로 정의돼 있어.

래머군 　그렇구나. 그것도 정해진 수치니까.

천사양 　그런데 자기 마음대로 아보카도 개수를 대입한 동료는 대체 누구야?

래머군 　그게, 지금 그 이름을 밝히면 곤란해 할 사람이 있어.

악마씨 　어험.

1.21
readonly를 사용할 수 있는데 일반 변수를 사용하는 문제

The C# Best Know-how

사건의 시작

래머군 거리를 계산하는 프로그램이 말썽을 일으켜서 큰일이야. 거리를 한 번 계산한 후에 다시 다른 좌표를 넣어서 계산하면 값이 이상해져.

악마씨 결과가 어떻길래?

래머군 원래는 '2와 5의 거리는 3이다.' 라고 나와야 하는데, '4989와 893의 거리는 3 이다.'가 나와. 왜 계산이 이상한 거지?

악마씨 Ψ(`▽´)Ψ <u>흐흐흐</u>.

래머군의 요청

래머군 이게 문제의 프로그램이야.

```
using System;

class Distance
{
    private double x1, x2, distance;
    public void Report()
    {
        Console.WriteLine("{0}와 {1}의 거리는{2}이다.", x1, x2, distance);
    }
    public void OtherWork()
```

```
    {
        Console.WriteLine("다른 일을 하고 있습니다.");
        // 악마가 넣은 코드 ψ('▽´)ψ흐흐흐
        x1 = 4989;
        x2 = 893;
    }


    public Distance(double x1, double x2)
    {
        this.x1 = x1;
        this.x2 = x2;
        this.distance = Math.Abs(x2 - x1);
    }
}

class Program
{
    static void Main(string[] args)
    {
        var dist = new Distance(2, 5);
        dist.OtherWork();
        dist.Report();
    }
}
```

래머군 😀 다음이 삽입된 코드야. 덕분에 결과가 이상해졌고.

```
// 악마가 넣은 코드 ψ('▽´)ψ흐흐흐
x1 = 4989;
x2 = 893;
```

래머군 😀 이런 장난에 대응할 방법이 있을까?

천사양 👼 이 패턴은 의도적인 장난이라기보다는 실수일 가능성도 있어.

래머군 😀 그럼 그것도 포함해서 대책을 알려줘.

악마씨의 답

악마씨 범인에게 선물을 줘야지. 조립식 건담 장난감은 어때? 포켓몬도 괜찮고.

천사양 왜 자신이 원하는 걸 얘기하는 거야? 그리고 선물은 실수를 방지하기 위한 대책이라 할 수 없어.

천사양의 답

천사양 다음 한 줄만 수정하면 돼.

```
private double x1, x2, distance;
```

천사양 이 코드에 readonly 키워드를 추가하면 돼.

```
private readonly double x1, x2, distance;
```

천사양 이렇게 하면 생성자는 변경할 수 있지만, 다른 메서드는 변경할 수 없어. 누군가가 코드에 장난을 치더라도 컴파일 에러가 떠서 문제를 바로 찾을 수 있어.

결말

래머군 readonly와 const는 기능이 비슷하네.

천사양 하지만 **상수랑 읽기 전용 변수는 처리 방법이 달라서** 주의가 필요해.

악마씨 어떻게 다른데?

천사양 상수는 **static** 유무와 상관없이 접근할 수 있지만, 읽기 전용 변수는 **static**의 **영향을 받아.** 그리고 상수는 영원히 변경할 수 없지만, **읽기 전용 변수는 생성자와 초기화 구문에서 변경할 수 있어.**

래머군 초기화랑 생성자가 종료되면 변경할 수 없다는 의미야?

천사양 일부러 속임수를 쓰지 않는 한 불가능하지.

악마씨 　이걸로 또 한 건 해결했네.

천사양 　아직 범인을 찾지 못했어. 이런 쓸데없는 코드를 넣은 사람이 누구지?

래머군 　사실 주석에 이미 단서가 있지만, 여기서 이름을 밝히기는 좀 그래.

악마씨 　헉.

래머군 　그런데 다음과 같이 작성하면 아무리 readonly라도 대책이 없는 거지?

```
private readonly double x1 = 4989, x2 = 893, distance;
```

천사양 　그렇지. 하지만 결과는 바뀌지 않아. 생성자에서 대입한 값으로 덮어쓰기 때문에 여기서 지정한 값은 남지 않거든.

래머군 　초기화는 초기화 구문 → 생성자 순으로 실행되기 때문이지?

악마씨 　헤이, 이번에는 범인 찾기 안 해?

천사양 　하고 싶어? 범인을 찾으면 손해배상을 청구할 거야.

악마씨 　아…아니, 이번에는 관두자.

1.22
열거형을 사용하지 않고 상수를 정의한다

사건의 시작

래머군 😀 천사양이 가르쳐준 const를 사용해서 오늘도 힘내보자!

악마씨 😈 좀 더 놀자.

래머군 😟 뭐야, const를 사용했는데 왜 버그가 발생하지?

악마씨 😈 계속 일만 해서 그래.

천사양 😇 코드를 보여줘 봐.

래머군의 요청

래머군 😀 이 프로그램이야.

```
using System;

class Program
{
    private const int male = 0;
    private const int female = 1;
    private const int child = 0;
    private const int adult = 1;

    private static void report(int sex, int age)
```

```
        {
            if(sex == male)
                Console.WriteLine("나는 남자다.");
            else
                Console.WriteLine("나는 여자야.");
            if(age == child)
                Console.WriteLine("나는 아이다.");
            else
                Console.WriteLine("나는 어른이야.");
        }

        static void Main(string[] args)
        {
            report(adult, male);
        }
    }
}
```

래머군 기대한 결과는 이거야.

```
나는 남자다.
나는 어른이야.
```

래머군 그런데 실제로는 이렇게 돼.

```
나는 여자야.
나는 아이다.
```

래머군 원인은 다음 코드가 틀렸기 때문이야.

```
report(male, adult);
```

래머군 근데 생각해 보면 연령 식별 정보에 성별 식별 정보를 전달한다는 게 이상하기
도 해. 재발 방지책을 어떻게 세우는 게 좋을까?

악마씨의 답

```csharp
using System;

class Program
{
    private const int male = 0;
    private const int female = 1;
    private const int child = 3;
    private const int adult = 4;

    private static void report(int sex, int age)
    {
        if(sex == male)
            Console.WriteLine("나는 남자다.");
        else if(sex == female)
            Console.WriteLine("나는 여자야.");
        else
            throw new ArgumentException("sex 지정 에러");
        if(age == child)
            Console.WriteLine("나는 아이다.");
        else if(age == adult)
            Console.WriteLine("나는 어른이야.");
        else
            throw new ArgumentException("age 지정 에러");
    }

    static void Main(string[] args)
    {
        report(adult, male);
    }
}
```

악마씨 숫자가 겹치면 구별하기 어려우니까 다른 숫자를 사용했어. 그리고 잘못된 값
이 입력되면 예외가 발생하도록 했고. 이렇게 하면 확실히 재발을 방지할 수 있어.

```
using System;

enum Sex { Male, Female }
enum Age { Child, Adult }

class Program
{
    private static void report(Sex sex, Age age)
    {
        if(sex == Sex.Male)
            Console.WriteLine("나는 남자다.");
        else
            Console.WriteLine("나는 여자야.");
        if(age == Age.Child)
            Console.WriteLine("나는 아이다.");
        else
            Console.WriteLine("나는 어른이야.");
    }

    static void Main(string[] args)
    {
        report(Sex.Male, Age.Adult);
    }
}
```

천사양   열거형으로 만들면 다른 형이 돼. private const int male = 0;은 어디까지나 수치에 별칭을 붙인 거라서 수치가 중복되면 아무리 심볼명이 달라도 식별을 할 수 가 없어.

래머군   **심볼을 구별하고 싶을 때는** const가 아닌 **열거형이 적합하다**는 얘기네.

악마씨 🦊 천사양이 '나는 남자다'라고 고백하는 것을 듣고 싶었어.

천사양 😇 왜 그런 이상한 소리를 해야 하지?

악마씨 🦊 무서운 성격이 꼭 남자 같잖아.

천사양 😇 뭐라고?

래머군 😀 결국 const와 enum은 어떻게 구별해서 사용해야 좋을까?

천사양 😇 원주율처럼 수치에 별칭이 있으면 const를 사용하는 것이 좋아. 상수명으로 PI 를 쓰든 π를 쓰든 값은 변하지 않기 때문에 이름을 혼용해도 상관이 없어. 하지만 **이름을 잘못 사용하면 치명적일 때는 열거형**을 사용하는 것이 좋아.

악마씨 🦊 새로운 장난이 생각났어. 이렇게 쓰면 남녀를 구별할 수 없을 거야.

```
enum Sex { Male=0, Female=0 }
```

천사양 😇 그 정도 속임수로는 여탕에 들어갈 수 없어.

악마씨 🦊 어떻게 알았지?

1.23

쓸데없이 깊은 클래스 계층

사건의 시작

래머군 　클래스 안에 클래스를 정의할 수 있어?

천사양 　응, 가능해. 클래스 안에서만 의미가 있는 클래스일 때는 내부에 정의해서 사용하면 코드도 간결해지고 좋아.

래머군 　근데 나한테 있는 코드는 너무 지저분해.

악마씨 　드디어 천사양의 권위가 땅에 떨어질 날이 왔군.

래머군의 요청

래머군 　지저분하다는 코드가 바로 이거야.

```
using System;
using System.Collections.Generic;
using System.Linq;

class Item
{
    public static List<Item> PurchaseList = new List<Item>();
    public int price { get; protected set; }
}

class Hamburger : Item
```

```csharp
{
    public class Potato : Item
    {
        public Potato()
        {
            price = 100;
        }
    }
    public Hamburger(int money)
    {
        Console.WriteLine("감자도 같이 사세요");
        if(money >= 400)
        {
            var potato = new Potato();
            Item.PurchaseList.Add(potato);
        }
        price = 300;
        Item.PurchaseList.Add(this);
    }
}


class Program
{
    static void Main(string[] args)
    {
        new Hamburger(500);
        Console.WriteLine("구입한 물건은 {0}개입니다",
                                            Item.PurchaseList.Count());
        Console.WriteLine("총 금액은 {0}원입니다",
                            Item.PurchaseList.Select(c => c.price).Sum());
        if(Item.PurchaseList.Any(c => c is Hamburger.Potato))
        {
            Console.WriteLine("감자를 산 손님께는 미소를 드립니다. 방긋");
        }
    }
}
```

래머군 이 코드를 컴파일해서 실행하면 다음과 같은 실행 결과를 볼 수 있어.

감자도 같이 사세요
구입한 물건은 2개입니다
총 금액은 400원입니다
감자를 산 손님께는 미소를 드립니다. 방긋

래머군 하지만 c is Hamburger.Potato라는 식이 신경 쓰여서 못 참겠어.

- Hamburger.Potato는 너무 길다(여기서는 상담을 위해서 코드를 짧게 정리했지만 실제로는 더 길다).

- Hamburger.Potato는 햄버거의 감자라는 이상한 의미가 된다.

- 이 코드를 어떻게 정리하면 좋을까?

악마씨의 답

```
using System;
using System.Collections.Generic;
using System.Linq;

class Item
{
    public static List<Item> PurchaseList = new List<Item>();
    public int price { get; protected set; }
}

class Hamburger : Item
{
    public class Potato : Item
    {
        public Potato()
        {
            price = 100;
        }
}
```

```
    }
    public class Smile : Item
    {
        public Smile()
        {
            price = 0;
        }
    }
    public Hamburger(int money)
    {
        Console.WriteLine("감자도 같이 사세요");
        if(money >= 400)
        {
            var potato = new Potato();
            Item.PurchaseList.Add(potato);
        }
        price = 300;
        Item.PurchaseList.Add(this);
    }
}

class Program
{
    static void Main(string[] args)
    {
        new Hamburger(500);
        if(Item.PurchaseList.Any(c => c is Hamburger.Potato))
        {
            Console.WriteLine("감자를 산 손님께는 미소를 드립니다. 방긋");
            Item.PurchaseList.Add(new Hamburger.Smile());
        }
        Console.WriteLine("구입한 물건은 {0}개입니다",
                                            Item.PurchaseList.Count());
        Console.WriteLine("총 금액은 {0}원입니다",
                            Item.PurchaseList.Select(c => c.price).Sum());
    }
}
```

악마씨 　 래머군은 이 프로그램의 문제를 잘못 이해하고 있어. 미소 0원도 상품이기 때문에 '**구입한 물건은 3개입니다**'라고 출력해야 맞아.

래머군 　 미소까지 상품으로 파는 거야?

악마씨 　 좀 그렇긴 하지만… 0원인데 뭐 어때.

천사양 　 하지만 래머군이 제기한 문제는 전혀 해결되지 않았어.

천사양의 답

```
using System;
using System.Collections.Generic;
using System.Lina;

class Item
{
    public int price { get; protected set; }
}

class Potato : Item
{
    public Potato()
    {
        price = 100;
    }
}

class Hamburger : Item
{
    public Hamburger()
    {
        price = 300;
    }
}
```

```
class Program
{
    static void Main(string[] args)
    {
        List<Item> PurchaseList = new List<Item>();
        int money = 500;
        PurchaseList.Add(new Hamburger());
        Console.WriteLine("감자도 같이 사세요");
        if(money >= 400)
        {
            var potato = new Potato();
            PurchaseList.Add(potato);
        }
        Console.WriteLine("구입한 물건은 {0}개입니다", PurchaseList.Count());
        Console.WriteLine("총 금액은 {0}원입니다",
                            PurchaseList.Select(c => c.price).Sum());
        if(PurchaseList.Any(c => c is Potato))
        {
            Console.WriteLine("감자를 산 손님께는 미소를 드립니다. 방긋");
        }
    }
}
```

천사양 🙂 처음부터 여러 객체의 소속 대상이 잘못돼 있어서 전부 정리했어. 구입 처리를 Hamburger 클래스의 생성자에서 하고 있어서 감자 구입 체크(Potato 클래스)도 Hamburger 클래스 내부에 정의할 수밖에 없었어. 하지만 감자 구입 체크는 Hamburger 클래스에 있으면 안 돼.

래머군 🙂 왜 그런 거야?

천사양 🙂 야채는 햄버거의 일부지만 감자는 햄버거의 일부가 아닌 별도 제품이잖아. 따라서 햄버거 없이 감자만 살 때는 Hamburger 클래스 없이도 처리할 수 있어야 해.

래머군 🙂 아하! 처음부터 Hamburger 클래스 내부에 Potato 클래스가 있으면 안 되는 거였구나.

천사양 🙂 그렇지. **쓸데없이 깊은 클래스 계층은 코드 가독성을 떨어뜨려. 상호 간에 직접적인 관계가 없는 클래스는 내부에 정의하지 않는 것이 좋아.**

결말

래머군　쓸데없이 깊이가 깊은 클래스 계층과 의미가 있는 클래스 계층과는 어떤 차이가 있어?

천사양　예를 들어 특정 클래스 안에서만 사용할 목적이라면 클래스 안에 정의하는 것이 더 알기가 쉬워. 클래스 밖에서는 사용되지 않으니까.

악마씨　하지만 심볼이 늘어나면 코드가 복잡해지니까 자주 사용하지 않는 클래스도 특정 클래스 안에 넣는 게 더 좋지 않아?

천사양　그건 반만 정답이야. 심볼 수가 많아지면 인텔리센스에서 선택하기가 어려우므로 정리할 필요는 있어. 그렇다고 아무런 관계도 없는 클래스를 다른 클래스에 포함해서 좋을 건 하나도 없어.

래머군　그렇군. 아무런 관련이 없는 클래스가 클래스 안에 있으면 직관적으로 알기 어렵다는 뜻이지?

천사양　그래, 맞아. **단순히 클래스명이 많다는 게 문제라면** 클래스를 포함하는 것보다 **네임스페이스(이름 공간)[1]로 그룹화하는 것도 괜찮아.**

1　네임스페이스(namespace)란 클래스를 정리하는 구조다. 파일을 폴더 단위로 나눌 수 있듯이 클래스를 네임스페이스 단위로 나눌 수 있다. 한 마디로 클래스를 위한 폴더 구조라고 생각하면 이해하기가 쉽다-옮긴이.

The C# Best Know-how

1.24
다른 네임스페이스에서
같은 이름을 남용

사건의 시작

래머군 🙂 큰일 났어! 상사의 지시로 이미 검증이 끝난 코드를 프로그램에 추가했는데 컴파일 에러가 발생했어. 내가 만든 프로그램도 다른 곳에선 문제없이 동작했었는데….

악마씨 🐺 호환성이 없는 거 아니야? C# 코드와 자바스크립트 코드를 섞으면 에러가 발생하잖아.

래머군 🙂 둘 다 C#이야.

천사양 😇 어디서 문제가 발생하는데?

래머군의 요청

래머군 🙂 WPF[1] 애플리케이션의 버튼 핸들러 코드야.

```
private void Button_Click(object sender, RoutedEventArgs e)
{
    var fullpath = Path.Combine("c:\\A", "B.txt");
        ⋮
}
```

---

1 WPF(Windows Presentation Foundation)는 UX(사용자 경험)가 중시되는 개발 환경에서 디자이너와 개발자가 협업 또는 분업할 수 있도록 만든 구조다. UI 부분은 XML로 분리해서 작업하기 때문에 개발자는 내부 로직에만 집중할 수 있다 – 옮긴이.

래머군 여기에 평범한 Path 클래스를 사용해서 파일 경로를 연결하는 코드를 넣었더니 오류가 발생했어. 원인과 해결 방법을 알고 싶어.

 악마씨의 답

```
private void Button_Click(object sender, RoutedEventArgs e)
{
    var fullpath = System.IO.Path.Combine("c:\\A", "B.txt");
        ⋮
}
```

악마씨 이걸로 OK야.

래머군 어떻게?

악마씨 오류 메시지를 잘 봐.

'Path' 는 'System.IO.Path'와 'System.Windows.Shapes.Path' 사이에 불분명한 참조를 하고 있습니다.

래머군 아, Path의 클래스명이 충돌한 거구나.

악마씨 그래. Path라고 적지 말고 System.IO.Path라고 적어. 그러면 System.Windows. Shapes.Path와의 충돌을 막을 수 있어.

 천사양의 답

천사양  충돌이 한 곳에서만 발생했다면 악마씨의 답도 문제가 없어.

악마씨 내가 해낸 거야?

천사양 하지만 충돌이 많다면 다음과 같이 수정하는 것이 좋아.

래머군 어떻게?

천사양 앞에 한 줄만 추가하면 돼. System.IO.Path의 별칭 FPath를 만들어주는 거지.

```
using FPath = System.IO.Path;
```

천사양 그리고 Path를 모두 FPath로 바꾸기만 하면 끝!

```
private void Button_Click(object sender, RoutedEventArgs e)
{
    var fullpath = FPath.Combine("c:\\A", "B.txt");
         ⋮
}
```

래머군 이 방법이 통하는 이유는 뭐야?

천사양 문제는 이름 충돌이기 때문에 **이름만 바꾸면 충돌을 피할 수 있어.**

래머군 System.Windows.Shapes.Path를 사용하고 싶다면?

천사양 거기에 또 다른 별칭을 붙이면 되지.

 ## 결말

래머군 그렇구나. 충돌 위험이 있다면 별도의 네임스페이스라도 같은 이름은 피하는 것이 좋다는 얘기지?

천사양 그래, 맞아. 처음부터 겹치는 이름을 사용하지 않으면 별칭을 붙일 필요도 없어. 그게 지름길이지.

악마씨 하지만 그런 경우는 거의 없잖아.

천사양 **WPF에서는 Path 충돌이 자주 발생해.**

래머군 그렇다면 악마씨는 WPF를 사용해본 적이 없다는 뜻?

악마씨 아. 아니. 그 정도는 나도 알고 있어.

래머군 그러면 맞춰봐. WPF가 뭐야?

악마씨 프로 레슬링 단체…. 아닌가. 월드 프로 레슬링 어쩌고저쩌고.

천사양 정말 답이 없군.

1.25

인수가 너무 많을 때

사건의 시작

래머군 　쓸데없이 인수가 많은 메서드가 있어. 수정해야 하는데 어디서부터 손을 대야 할지 모르겠어.

악마씨 　인수가 많은 것은 기능이 많다는 증거야. 인수의 의미를 모르겠다면 자신만 아는 인수를 추가해 버려.

천사양 　그건 안 돼. 무의미한 인수가 많아지면 가독성이 떨어져.

래머군의 요청

래머군 　이게 문제의 프로그램이야.

```
using System;

class Person
{
}

class Program
{
    private static void dumpPersons(Person 나, Person 아빠, Person 엄마,
        Person 아빠의아빠, Person 아빠의엄마, Person 엄마의아빠,
        Person 엄마의엄마, Person 자녀1, Person 자녀2, Person 자녀3,
```

```
                    Person 손자1, Person 손자2, Person 손자3, Person 손자4, Person 손자5)
    {
          ⋮
    }

    static void Main(string[] args)
    {
        var 부모도없고자녀도없는나 = new Person();
        dumpPersons(부모도없고자녀도없는나, null, null, null, null, null,
                    null, null, null, null, null, null, null, null, null);
    }
}
```

래머군   다음과 같은 문제가 발생해서 고생하고 있어.

● 갑자기 **부모도없고자녀도없는나**에 자녀가 있다는 것을 발견했다.

● 자녀의 Person 객체를 인수로 추가하고 싶지만, null 행렬 중 어떤 것이 자녀1에 해당하는지 알
   수 없다.

● 실수로 엄마의엄마에 추가하는 일은 방지하고 싶다. 할머니의 나이가 자신보다 많을 수는 없다.

● 어떻게 바꿔야 알기 쉬운 코드가 될까?

악마씨의 답

```
using System;

class DumpParam
{
    public Person 나 = null;
    public Person 아빠 = null;
    public Person 엄마 = null;
    public Person 아빠의아빠 = null;
    public Person 아빠의엄마 = null;
    public Person 엄마의아빠 = null;
```

```
    public Person 엄마의엄마 = null;
    public Person 자녀1 = null;
    public Person 자녀2 = null;
    public Person 자녀3 = null;
    public Person 손자1 = null;
    public Person 손자2 = null;
}


class Person
{
}


class Program
{
    private static void dumpPersons(DumpParam param)
    {
            ⋮
    }


    static void Main(string[] args)
    {
        var 부모도없고자녀도없는나 = new Person();
        var 자녀 = new Person();
        var param = new DumpParam();
        param.나 = 부모도없고자녀도없는나;
        param.자녀1 = 자녀;
        dumpPersons(param);
    }
}
```

악마씨   이제 null 행렬이랑은 작별이야. 인수 수도 줄었어. 실수 없이 자녀1에 대입할 수 있을 거야.

래머군   하지만 긴 인수가 긴 클래스로 바뀐 것뿐인데?

```
using System;

class Person
{
}

class Program
{
    private static void dumpPersons(Person 나 = null, Person 아빠 = null,
        Person 엄마 = null, Person 아빠의아빠 = null, Person 아빠의엄마= null,
        Person 엄마의아빠 = null, Person 엄마의엄마 = null, Person 자녀1 = null,
        Person 자녀2 = null, Person 자녀3 = null, Person 손자1 = null,
        Person 손자2 = null, Person 손자3 = null, Person 손자4 = null,
                                                Person 손자5 = null)
    {
            ⋮
    }

    static void Main(string[] args)
    {
        var 부모도없고자녀도없는나 = new Person();
        var 자녀 = new Person();
        dumpPersons(부모도없고자녀도없는나, 자녀1: 자녀);
    }
}
```

천사양 　인수의 수를 줄이려는 악마씨의 노력도 나름 의미가 있어. 하지만 자녀1만 명확해지면 문제가 깔끔하게 해결돼. 전체적으로 수정할 필요도 없고. 모든 인수에 **기본 인수 기능**을 사용해서 null을 지정하고 **이름 지정 인수**로 자녀1만 명시해서 사용하는 거야.

래머군 　이렇게 쉽게 자녀1에 값을 전달할 수 있는 거였어?

천사양 악마씨의 방법은 전체적으로 코드를 리팩토링[1]할 때 의미가 있어.

악마씨 야호!

천사양 하지만 너무 생각 없이 구조를 잡았어. 평면적으로 전원 나열하는 것보다 가계 도처럼 트리 구조로 사람을 나열하는 것이 좋을 수도 있어. 부모 관점의 자녀와 자녀 관점의 부모 관계가 더 명확해지거든.

래머군 천사양의 방법은 적은 노력으로 큰 효과를 거둘 수 있는 것 같아.

천사양 대부분 코드를 전체적으로 뜯어고쳐야 한다고 생각할 때 이런 문제에 직면하곤 해. 하지만 의외로 인수만 잘 사용해도 문제를 해결할 수 있어.

악마씨 나는 그런 편법은 쓰고 싶지 않아.

천사양 그러면 악마씨는 열심히 야근해. 래머군, 우리는 집에 가자.

래머군 와~ 천사양이랑 데이트하는 거야?

악마씨 그건 안 돼!

---

1 리팩토링(refactoring)이란 기존 기능은 유지한 채 코드 자체의 품질 또는 성능을 개선하는 방법이다 - 옮긴이.

1.26

virtual 남용

사건의 시작

래머군 😊 천재 선배가 하는 말이 이해가 안 돼.

악마씨 😈 밀 모르겠는데?

래머군 😊 virtual 키워드[1]를 붙여야 확장성이 무한해진다고 하는데, 내가 볼 때는 오히려 코드가 더 복잡해지는 것 같아서.

천사양 😇 소스 코드를 보여줄래?

래머군의 요청

래머군 😊 선배가 2013년도에 만든 코드야. 알기 쉽게 최소 기능만 남겨뒀어.

```
using System;

class Product
{
    public virtual int CalcPrice(int basePrice)
    {
```

---

1 virtual은 상속으로 재정의가 필요한 메서드에 붙이는 키워드다. 자바는 상속 대상 메서드에 아무것도 붙이지 않아도 상속받는 클래스 메서드에서 재정의(override)를 할 수 있지만, C#은 재정의가 필요하다면 virtual을 상속 대상 메서드에 붙이고 상속받는 메서드에는 override를 붙여야 한다 – 옮긴이.

```
        return basePrice * 9 / 10;
    }
}

class Program
{
    static void Main(string[] args)
    {
        Product p = new Product();
        Console.WriteLine(p.CalcPrice(100));
    }
}
```

래머군 😊 그리고 이건 선배가 2014년도에 만든 코드야. 역시 알기 쉽도록 최소 기능만
정리했어. 10% 할인을 20% 할인으로 바꾼 것밖에 없어.

```
using System;

class Product
{
    public virtual int CalcPrice(int basePrice)
    {
        return basePrice * 9 / 10;
    }
}

class Product2014 : Product
{
    public override int CalcPrice(int basePrice)
    {
        return basePrice * 8 / 10;
    }
}

class Program
{
    static void Main(string[] args)
```

```
    {
        Product p = new Product2014();
        Console.WriteLine(p.CalcPrice(100));
    }
}
```

래머군 선배 말에 따르면 virtual을 사용했기 때문에 Product 클래스를 상속해서 Product2014 클래스를 만들 수 있었고 계산식도 변경할 수 있었다고 해. 하지만 이제 과거 계산식을 사용하지 않기 때문에 Product 클래스의 메서드는 필요 없어.

- 선배의 설명이 맞는가?

- 메서드에 virtual을 붙여야 하는가?

- virtual을 붙이지 않아도 자동으로 virtual 처리를 해주는 언어는 좋은 언어기 때문에 자바는 좋은 언어다. 고로 C#은 자바보다 열등하다고 하는데 정말 그런가?

- 이 프로그램을 개선한다고 하면 2014년도 프로그램을 어떻게 수정해야 할까?

- 상황에 따라 대응할 수 있도록 계산식을 자유롭게 변경할 수 있는 형태로 만들고 싶다.

악마씨의 답

```
using System;

class Product
{
    public int CalcPrice(int basePrice)
    {
        return basePrice * 8 / 10;
    }
}

class Program
{
    static void Main(string[] args)
```

```
    {
        Product p = new Product();
        Console.WriteLine(p.CalcPrice(100));
    }
}
```

악마씨 🦹 9를 8로 바꾸기만 하면 돼. 그러면 10% 할인이 20% 할인으로 바뀔 거야. 상속도 virtual도 필요 없는 거지.

래머군 😊 근데 이렇게 고정해 두면 이후에 계산식을 변경할 수 없는 거 아니야?

악마씨 🦹 뭐라? 이걸로 충분한 거 아니야?

 ## 천사양의 답

```
using System;

class Product
{
    private Func<int, int> exp;
    public int CalcPrice(int basePrice)
    {
        return exp(basePrice);
    }
    public Product(Func<int, int> exp)
    {
        this.exp = exp;
    }
}

class Program
{
    static void Main(string[] args)
    {
        Product p = new Product((n) => n * 8 / 10);
```

```
        Console.WriteLine(p.CalcPrice(100));
    }
}
```

천사양 계산식은 **생성자의 인수로 지정하도록** 만들었어. 이제 클래스 밖에서 계산식을 변경할 수 있어.

래머군 게다가 더는 사용하지 않는 10% 할인식도 코드에서 사라졌어.

천사양 만약 이전의 10% 할인식을 이용해서 예전 가격과 차이를 표시하고 싶다면 `new Product((n) => n * 9 /10);`라고 예전 가격용 객체를 만들어서 함께 사용하면 돼.

 ## 결말

래머군 결국 선배의 코드는 어디가 잘못된 거야?

천사양 엄밀히 말해서 Product2014 클래스는 2014년도 상품 클래스, Product 클래스는 2013년도 상품 클래스에 해당돼. 하지만 상속은 is-a 관계이기 때문에 **2014년도 상품 is a 2013년도 상품**(2014년 상품은 2013년 상품이다)이 돼서 관계가 이상해지는 거지.

래머군 내가 느낀 위화감도 그 부분인 것 같아.

천사양 **상속을 해야 한다면 먼저 범용 상품 클래스를 만든 다음** 거기서 2013년 상품과 2014년 상품을 생성하는 것이 더 알기 쉬워.

래머군 그때 범용 상품 클래스는 계산식을 포함하면 안 되는 거지?

천사양 그래, 맞아. 따라서 **virtual이 아닌 abstract를 붙여야 돼.**

악마씨 뭐야, 결국 어디를 어떻게 고쳐야 virtual이 사라진다는 얘기야?

천사양 virtual만 붙이면 나중에 확장될 여지가 없어지므로 현실을 감안하지 못한 방법이야. 따라서 아무것도 지정하지 않았을 때 자동으로 virtual이 되는 언어가 우수하다는 말도 틀린 얘기고. 오히려 오버헤드가 걸릴 가능성이 높아.

래머군   그러면 C#도 괜찮은 거야?

천사양   물론이지.

악마씨   하지만 내가 작성한 방법도 괜찮지 않아? 매우 간단하잖아.

천사양   나도 동의해. **KISS**(Keep It Simple, Short: 단순하고 짧게 만들어라) 법칙을 따르고 있어서 좋아. 계산식을 바꾸는 구조가 너무 복잡해서 수식 자체를 바꾸는 것이 더 쉬울 수도 있어. 어차피 과거 계산식을 다시 사용할 가능성은 희박하니까.

악마씨   야호! 내 방법도 괜찮대.

래머군   하지만 계산식을 변경할 수 있어야 한다는 내 요청은 반영되지 않았어.

악마씨   뭐라?

내 이름은 도빈(로빈이 아니다). 오늘도 배드맨과 함께 배드 모빌을 타고서 제로섬 시티를 순찰하고 있다.

이런, 저기 또 악당이 나타났다.

　"우하하하. 나는 interface맨이다. 실체가 없는 추상적이 존재지."

큰일 났어. 배드맨의 공격이 하나도 통하지 않아. 추상적인 적에게는 물리 공격이 아무 소용없어.

　"규칙에 따라 나를 구현하면 가능하지. 우하하하! 구현하면 쓰러뜨릴 수 있어. 실제로 쓰러뜨려야 할 것은 인터페이스가 아닌 그것을 구현한 클래스야."

분하지만 인터페이스를 구현하기로 했다.

　"질문이 하나 있어."

　"조용히 하고 구현이나 해."

　"GetTargetObject라는 메서드를 구현하려고 하는데, 고유한 ID가 아닌 이름으로 객체를 지정하고 있어. 만약 같은 이름의 객체가 두 개 있으면 무엇을 반환해야 하지?"

　"헉. 그런가?"

오늘도 악당을 무찔렀다.

하지만 아직 제로섬 시티에 평화가 찾아온 것은 아니다. 끝까지 싸워야 해 배드맨. 인터페이스만 먼저 작성해서 만족했겠지만, 실제로 구현해 보면 동작하지 않을 때도 자주 있어.

1.27

코드에 바로 패스워드를 적는다

사건의 시작

래머군 코드에 패스워드를 적어도 될까? 데이터베이스에 접속하기 위한 정보잖아.

악마씨 아니, 그건 안 돼.

천사양 응, 안 돼.

래머군 신기하네. 둘이 의견이 같다니.

래머군의 요청

래머군 이게 그 코드야.

```
using System;

class Program
{
    private static string readFromDatabase(string password)
    {
        // 이 메서드 내용은 무시해도 된다
        // 실제 코드는 데이터베이스에서 패스워드 체크를 한다
        if(password == "ultraman") return "m78";
        return null;
    }
```

```
    static void Main(string[] args)
    {
        // 문제는 여기
        string password = "ultraman";
        Console.WriteLine(readFromDatabase(password));
    }
}
```

래머군   Main 메서드에 직접 패스워드를 적었는데 괜찮을까? 잘못됐다면 어떻게 수정
해야 하지?

악마씨의 답

```
using System;
using System.Text;

class Program
{
    private static string readFromDatabase(string password)
    {
        if(password == "ultraman") return "m78";
        return null;
    }

    private static string rot13(string src)
    {
        var sb = new StringBuilder();
        foreach(var item in src)
        {
            if(item >= 'a' && item <= 'm') sb.Append((char)(item + 13));
            else if(item >= 'n' && item <= 'z') sb.Append((char)(item - 13));
            else if(item >= 'A' && item <= 'M') sb.Append((char)(item + 13));
            else if(item >= 'N' && item <= 'Z') sb.Append((char)(item - 13));
            else sb.Append(item);
        }
```

```
        return sb.ToString();
    }

    static void Main(string[] args)
    {
        string password = "hygenzna";
        Console.WriteLine(readFromDatabase(rot13(password)));
    }
}
```

악마씨 코드에 직접 패스워드를 적는 것은 패스워드를 적은 메모지를 모니터에 붙여 두는 것과 같아. 그만큼 위험한 거야. 암호화해야 해. 암호화.

래머군 rot13은 뭐야?

악마씨 고도의 암호화 알고리즘이야.

천사양 거짓말. ROT13[1]은 제일 약한 암호화 알고리즘이야.

천사양의 답

```
using System;
using System.Text;

class Program
{
    private static string readFromDatabase(string password)
    {
        if(password == "ultraman") return "m78";
        return null;
    }
}
```

---

1 ROT13(Rotate by 13)은 로트 13이라고 읽으며 영어 알파벳을 13글자씩 밀어서 만든 암호를 말한다. 예를 들어서 I LOVE YOU를 ROT13으로 암호화하면 V YBIR LBH가 된다. 단순히 문자를 치환해서 만들기 때문에 약한 암호화 방식이다.

```
static void Main(string[] args)
{
    string password = ConsoleApplication1.Properties.Settings.Default.
                                                              Password;

    Console.WriteLine(readFromDatabase(password));
}
}
```

천사양 　단, 이 코드를 실행하려면 프로젝트 속성에 있는 설정 탭에서 Password 항목 을 추가하고 ultraman이라는 문자열 값을 설정해야 해.

래머군 　암호화는 안 돼 있는데?

천사양 　물론 암호화하는 것도 중요하지만, 이 프로그램은 **코드를 변경하지 않고 암호 를 설정할 수 있도록 수정할 필요**가 있어.

래머군 　무슨 말인지 모르겠어.

천사양 　데이터베이스의 패스워드는 데이터베이스 상태에 따라 자주 변경돼. 하지만 그 럴 때마다 코드에 있는 패스워드를 변경할 수는 없잖아. 패스워드를 수정하다가 오 히려 버그가 발생할 수도 있고. 따라서 변경될 가능성이 있는 값은 코드에 적지 않 고 분리하는 것이 철칙이야.

래머군 　그러면 암호화하지 않아도 되는 거야?

천사양 　**서버에서 처리하기 때문에 클라이언트에 배포되지 않는 패스워드를 반드시 암 호화할 필요는 없어.** 위험성이 그렇게 크지 않기도 하고 **암호화된 패스워드는 유지 관리도 어렵기 때문**이야.

결말

악마씨 　하지만 암호화는 필요해.

래머군 　이유가 뭔데?

악마씨 　자주 사용되는 패스워드 목록을 보니 4글자로 된 단어가 상위에 있어. 이것을 직접 코드에 적으면 위험하잖아.

천사양 그런 단어들을 사용하면 사전을 사용한 무차별 대입 공격으로 해킹을 당할 수도 있어.

래머군 그러면 어떤 패스워드가 좋은 거야?

천사양 랜덤하게 만들어진 문자열이 가장 이상적이지. 유추하기 힘들거든.

악마씨 최근에 천사양의 컴퓨터에 침투할 수 없었던 이유는 그런 패스워드를 만들었기 때문이었군.

천사양 엿보지 마.

1.28

예외 처리를 하지 않는데 catch한다

 사건의 시작

래머군 에러는 없는데 프로그램이 동작하지 않아. 뭔가 이상해.

악마씨 시스템 버그야.

천사양 에러가 발생하지 않는다고 해서 정상 동작한다고 판단해선 안 돼. 코드를 보여줘.

 래머군의 요청

래머군 이게 동작하지 않는 프로그램이야.

```
using System;

class Program
{
    static void Main(string[] args)
    {
        string x = "0x123";
        int y;
        try
        {
            y = int.Parse(x);
            Console.WriteLine(y);
        }
```

```
            catch(Exception) { }
        }
    }
}
```

래머군 😀 이 프로그램은 아무것도 출력하지 않고 종료돼 버려. 원인이 뭔지 모르겠어.

 ## 악마씨의 답

```
using System;

class Program
{
    static void Main(string[] args)
    {
        string x = "123";
        int y;
        try
        {
            y = int.Parse(x, System.Globalization.NumberStyles.HexNumber);
            Console.WriteLine(y);
        }
        catch(Exception) { }
    }
}
```

악마씨 👿 Parse 메서드는 0x123 형식의 16진수(hexadecimal number)를 해석할 수 없어. 따라서 0x를 빼고 Parse 메서드에 System.Globalization.NumberStyles. HexNumber를 추가해서 강제로 16진수로 만들어주면 돼.

래머군 😀 오랜만에 맞는 얘기를 하는 것 같은데.

악마씨 👿 에헴.

래머군 😀 그러면 아까는 왜 아무것도 출력되지 않았던 거야?

악마씨 👿 아, 그건….

```
using System;

class Program
{
    static void Main(string[] args)
    {
        string x = "0x123";
        int y = int.Parse(x);
        Console.WriteLine(y);
    }
}
```

천사양 　문제는 **아무 처리도 하지 않는 catch 절이야.** 발생한 예외가 무시되는 이유는 바로 catch 절 때문이야.

악마씨 　하지만 천사양의 프로그램은 FormatException으로 실행이 멈추는데?

천사양 　의도한 거야. 올바로 동작했다는 말이지.

래머군 　아~ 알겠다! FormatException이 발생해서 형식 오류라는 것을 알면 바로 버그를 인식해서 수정할 수 있기 때문이지?

천사양 　맞아. 그리고 버그 수정은 악마씨 방법대로 하면 돼.

 결말

악마씨 　근데 무시되는 예외도 있잖아?

래머군 　예를 들면?

악마씨 　해석할 수 없는 문자는 0으로 처리하고 싶을 때가 있잖아. 그럴 때는 다음과 같이 작성하면 되지 않아?

```
using System;
```

```
class Program
{
    static void Main(string[] args)
    {
        int y = 0;
        string x = "0x123";
        try
        {
            y = int.Parse(x);
        }
        catch(Exception) { }
        Console.WriteLine(y);
    }
}
```

래머군   그건 그래. 예외가 발생하더라도 프로그램을 계속 실행하려면 이렇게 작성하기
도 하지.

천사양   그럴 때는 이렇게 작성해야 해.

```
using System;

class Program
{
    static void Main(string[] args)
    {
        int y;
        string x = "0x123";
        int.TryParse(x, out y);
        Console.WriteLine(y);
    }
}
```

래머군   해석되지 않는 입력을 전제로 할 때는 예외를 캐치하는 것이 아니라 **TryParse**
를 사용하라는 의미지?

천사양   예외 처리는 무겁기 때문에 꼭 필요하지 않다면 가급적 발생하지 않는 것이 기
본이야.

154

1.29

catch해서 아무것도 하지 않고 throw하기

사건의 시작

래머군 의미 없는 코드는 절대 작성하지 않는 선배가 있는데, 그 선배가 만든 프로그램을 아무리 들여다 봐도 무슨 의미가 있는지 모르겠어.

악마씨 그 선배가 바보라서 그래. 나를 만나고 래머군이 진화한 거지.

천사양 잠깐만. 아무리 의미 없는 코드는 작성하지 않는다고 생각하면서 작성해도 나중에 보면 무의미한 코드가 되기도 해.

래머군의 요청

래머군 이 코드를 아무리 읽어도 이해가 안 가.

```csharp
using System;

class Program
{
    static void Main(string[] args)
    {
        try
        {
            if(args.Length == 0)
                throw new ArgumentException("임금님 귀는 당나귀 귀");
}
```

```
        catch(Exception)
        {
            throw;
        }
    }
}
```

래머군 절대 무의미한 코드는 작성하지 않았다고 하는데, 도대체 다음 코드와 뭐가 다
른 건지 모르겠어.

```
using System;

class Program
{
    static void Main(string[] args)
    {
        if(args.Length == 0)
            throw new ArgumentException("임금님 귀는 당나귀 귀");
    }
}
```

악마씨의 답

악마씨 첫 번째 코드와 두 번째 코드의 차이는 메시지를 표시하는지 여부야. 첫 번째
코드는 catch절에서 예외를 다시 발생시키고 있는데 자세히 보면 인수에 아무것도
지정하지 않았어. 재발생한 예외가 예외 객체를 상속하지 않으니 당연히 메시지도
상속되지 않는 거고.

래머군 하지만 프로그램이 중단됐을 때 메시지가 표시되는데? '임금님 귀는 당나귀
귀'하고.

악마씨 정말?

천사양의 답

천사양 첫 번째 코드와 두 번째 코드는 같아. try 블록을 제거해도 괜찮아. 오히려 필요 없기 때문에 제거하는 것이 좋아. 코드가 더 간결해져.

래머군 하지만 선배가 무의미한 코드를 작성했을 리가 없는데.

천사양 아마 처음에는 throw; 부분에 어떤 코드가 있었을 거야. 하지만 수정을 반복하면서 그 코드를 지운 거지. **그 결과 무의미한 코드만 남은 거야.**

래머군 에이, 설마.

천사양 래머군의 선배는 무의미한 코드는 작성하지 않는다는 주의지만, 무의미하게 변한 코드를 제거하는 것까지는 신경을 쓰지 않은 거야.

 결말

악마씨 throw;의 의미는 뭐야?

천사양 한 번 캐치한 예외를 재발생하는 거야. 재발생이니 당연히 같은 예외가 발생하는 거고.[1]

악마씨 인수에 예외 객체를 지정하지 않았는데?

천사양 그래서 자동으로 같은 객체가 사용되는 거야.

래머군 정말 예외적일 때만 사용하는 기능이다 보니 악마씨가 잘 몰랐나 보네.

악마씨 쳇! 천사양한테 무시당하는 건 괜찮은데 래머군한테 무시당하는 건 좀 그래.

---

1 대부분 잘 알겠지만, 추가 설명을 하자면 try-catch는 해당 블록에서 예외가 발생하면 그 예외로 특정 처리를 하기 위한 구문이다. 예를 들어 메시지를 출력하거나 처리를 다른 방향으로 바꾼다거나 등의 특수한 처리가 가능하다. throw는 예외를 강제적으로 발생시키는 명령이다 – 옮긴이.

1.30

의미 없이 반복되는 상속

사건의 시작

래머군   코드 내용이 너무 학술적이어서 어디부터 손을 대야 할지 모르겠어. 이 프로그램
은 어떻게 관리해야 하지?

악마씨   먼저 오줌이라도 싸서 자신의 영역이라는 것을 표시해 놔.

천사양   그게 뭐야, 무슨 개도 아니고.

래머군   개야 난… ㅠㅠ

악마씨와 천사양   잉? 개라고!?

래머군의 요청

래머군   이런 코드는 어디부터 손을 대야 할지 모르겠어.

```
using System;

class 진핵생물
{
    public static 진핵생물 Create(Type type)
    {
        return (진핵생물)Activator.CreateInstance(type);
    }
}
```

```
class 후편모생물 : 진핵생물 { }
class 홀로조아 : 후편모생물 { }
class 동물계 : 홀로조아 { }
class 신입동물상문 : 동물계 { }
class 척생동물문 : 신입동물상문 { }
class 유악류 : 양성류 { }
class 포유강 : 유악류 { }
class 수아강 : 포유강 { }
class 진수하강 : 수아강 { }
class 북방진정수류 : 진수하강 { }
class 로라시아상목 : 북방진정수류 { }
class 식육목 : 로라시아상목 { }
class 개아목 : 식육목 { }
class 개아하목 : 개아목 { }
class 갯과 : 개아하목 { }
class 갯아과 : 갯과 { }
class 개속 : 갯아과 { }
class 회색늑대 : 개속 { }
class 야생개 : 회색늑대
{
    public void 앉아()
    {
        Console.WriteLine("멍");
    }
}


class Program
{
    static void Main(string[] args)
    {
        var dog = (야생개)야생개.Create(typeof(야생개));
        dog.앉아();
    }
}
```

래머군 　이 프로그램에 문제가 있다고 하는데, 너무 어려워서 전혀 모르겠어. 도대체 어디가 잘못된 거야?

악마씨 이 프로그램은 개한테 앉으라고 명령하는 프로그램인데 고양이목(식육목의 일본어식 발음)이라는 단어가 들어가 있는 게 문제야. 고양이 목이 개에 달린 것과 마찬가지지. 이걸 개목(갯목의 일본어식 발음)으로 수정해야 돼.

래머군 그건 고양이목이 아니라 식육목이라고 하는 거야.

악마씨 정말?

천사양 개도 고양이도 모두 식육목에 속하는 거야.

```csharp
using System;

class 야생개
{
    public static 야생개 Create()
    {
        return new 야생개();
    }
    public void 앉아()
    {
        Console.WriteLine("멍");
    }
}

class Program
{
    static void Main(string[] args)
    {
        var dog = 야생개.Create();
        dog.앉아();
    }
}
```

천사양 😇 **의미 없는 상속 단계가 너무 많아.** 야생개 클래스만 있으면 되기 때문에 야생개 클래스만 빼고 모두 지웠어.

래머군 🙂 진핵생물 클래스에는 Create 메서드가 있었어.

천사양 😇 진핵생물 클래스를 상속한 임의의 객체를 생성할 뿐이야. 만약 진핵생물 클래스에 메서드가 있다고 해도 의미가 없어. 진핵생물 클래스의 존재 자체가 의미 없는 거지.

래머군 🙂 형변환도 많이 줄었어.

천사양 😇 Create 메서드가 너무 광범위하게 사용됐어. 실제로 야생개 객체밖에 만들 수 없기 때문에 야생개 객체에 특화해서 구현하도록 바꿨어. 그렇게 하면 형변환도 제거할 수 있지.

악마씨 😈 하지만 이렇게 바뀌버리면 확장성이 없어지잖아.

천사양 😇 어 맞아. 하지만 사용할지 말지 모르는 확장성은 코드를 복잡하게 만들기 때문에 필요가 없어.

래머군 🙂 유지 보수가 어려워지므로 암적인 존재 같은 거네.

천사양 😇 그래 맞아. 이런 것을 **YAGNI**(You Ain't Gonna Need It)라고 해. 정말 필요할 때까지 그 기능을 만들지 말라는 얘기야. **KISS** 원칙 중 하나지(144쪽 참조).

🎬 결말

악마씨 😈 KISS 원칙은 천사양이 나한테 키스해준다는 얘기야?

천사양 😇 너랑 키스하고 싶지 않아. Keep It Simple, Short의 약자야.

래머군 🙂 생물학적인 분류라고 해도 특정 프로그램에서 사용하지 않는 분류라면 구현하지 않는 게 낫다는 거지?

천사양 😇 그래 맞아. 상속 계층이 불필요하게 깊어지면 코드 가독성이 떨어지고 수정하기도 어려워지니까.

1.31

위임해야 할 상황에 상속한다

 사건의 시작

래머군   나는 돈줄이 아니야!

악마씨   돈줄이지. 데이트 비용을 래머군이 다 내니까.

래머군   아니지! 돈은 내가 내지만 여자 친구는 애정을 주잖아.

악마씨   거봐 넌 돈줄이야.

래머군   그게 아니라, 사실 어떤 코드가 있는데 어떻게 읽어도 **나는 돈줄**이라고 해석되
는 거야.

천사양   보여줄래?

 래머군의 요청

래머군   이게 그 코드야. **돈줄** me = new **나**(); 라는 부분을 계속 '나는 돈줄'이라고 읽
어버려. 뭐가 잘못된 거지?

```
using System;

class 돈줄
{
    public int 소지액 { get; set; }
}
```

```
class 나 : 돈줄
{
    public void 전철타기()
    {
        if(소지액 < 100)
            Console.WriteLine("돈이 모자라");
    }
}

class Program
{
    static void Main(string[] args)
    {
        돈줄 me = new 나();
                ⋮
    }
}
```

악마씨의 답

악마씨 그러니까 이 코드가 문제라는 거지?

```
돈줄 me = new 나();
```

악마씨 이렇게 수정하면 '나는 나다'가 돼서 돈줄로 보이지 않아.

```
나 me = new 나();
```

래머군 이 코드는 나중에 처리하려고 일부러 **돈줄 me = new 나();** 라고 쓴 거야.

악마씨 그럼 안 되겠네.

```
using System;

class 돈줄
{
    public int 소지액 { get; set; }
}

class 나
{
    public 돈줄 jigap { get; private set; }
    public void 전철타기()
    {
        if(jigap.소지액 < 100)
        Console.WriteLine("돈이 모자라");
    }
    public 나()
    {
        jigap = new 돈줄();
    }
}

class Program
{
    static void Main(string[] args)
    {
        나 me = new 나();
        돈줄 jigap = me.jigap;
            ⋮
    }
}
```

천사양 나와 돈줄의 관계는 is-a 관계가 아니라 **has-a 관계**야. 하지만 아까 그 코드에서는 **상속을 사용해서 is-a 관계를 만들어 버렸어.** 따라서 **나는 돈줄이다**라는 이상

한 관계가 된 거지.[1]

래머군 😐 그런 문제가 있었던 거구나.

천사양 😇 올바로 수정하려면 **상속이 아닌 위임**[2]을 사용해야 해. 그러면 **has-a 관계**가 돼서 **나 has a 지갑** 즉, **나는 돈줄이다**가 아닌 **나는 돈줄을 가지고 있다** 관계가 성립하는 거야.

결말

악마씨 😈 근데 천사양의 답은 너무 길어.

천사양 😇 처음부터 관계가 없는 두 기능을 분리했기 때문에 어쩔 수 없어.

악마씨 😈 그렇다면 코드양을 줄이기 위해서 위임을 상속으로 바꾸면 되는 거 아냐?

천사양 😇 누군가에게 보여주기 위한 목적으로 코드양을 줄일 수 있을지는 몰라도 코드에 불필요한 복잡성이 생길 수 있어.

래머군 😐 불필요한 복잡성이란 어떤 의미야?

천사양 😇 래머군이 돈줄로 변신할 수 있는 마술 소년이 된다는 말이야. 하지만 그런 래머군을 이용하면 사람인 래머군을 이용하고 있는지 돈줄인 래머군을 이용하고 있는지를 알 수가 없어.

악마씨 😈 나는 천사양의 돈줄이 돼도 좋아. 그러니까 뽀뽀해줘.

천사양 😇 꺄악~ 저리가~

---

1 A is-a B는 'A는 B다'가 성립하는 관계를 뜻한다. 예를 들어 '스마트폰은 전화기다'라는 말은 관계가 성립하므로 A is a B 관계라고 할 수 있다. A has-a B는 'A가 B를 가진다'가 성립하는 관계다. 예를 들어 '스마트폰은 화면을 가지고 있다'는 A가 스마트폰, B는 화면으로 has-a 관계가 성립한다. 하지만 '스마트폰은 화면이다'는 성립하지 않기 때문에 is-a 관계는 아니다 - 옮긴이.

2 위임(delegate)이란 대리자라고 이해하면 된다. 자신은 메서드를 가지고 있지 않지만, 특정 처리를 할 수 있는 메서드를 기억하고 있어서 해당 메서드에 처리를 요구할 수 있다 - 옮긴이.

1.32

이름이 너무 짧아서 생기는 문제

사건의 시작

래머군 　큰일이야. 이 변수가 무슨 역할을 하는지 도통 모르겠네.

악마씨 　코드를 봐도 모르겠어?

래머군 　너무 길어서 다 못 읽겠어.

악마씨 　비주얼 스튜디오 기능을 이용하면 참조 위치를 모두 찾을 수 있어.

래머군 　주석 처리한 코드까지 찾아주지는 않거든. 주석 처리됐다고 지워버리면 위험하
　　　　기도 하고.

천사양 　변수 이름을 보면 사용 목적을 파악할 수 있지 않아?

래머군 　그게… 이름이 한 글자라서 전혀 목적을 알 수가 없어.

래머군의 요청

래머군 　a라는 변수가 어떤 역할을 하는지 도무지 모르겠어. 사용되는 것 같지는 않은
　　　　데 지워도 될까?.

```
class Program
{
    static void Main(string[] args)
    {
        int[] a = { 1, 2, 3 };
```

```
        //Console.WriteLine(a.Sum());
    }
}
```

악마씨의 답

악마씨 주석 처리한 코드에서 사용하고 있을지도 몰라. 일단 이 코드도 주석 처리해놓자.

```
//int[] a = { 1, 2, 3 };
```

래머군 🙂 이런 식으로 모두 주석 처리하면 끝이 없어.

천사양의 답

천사양 이 프로그램의 **단점은 변수명을 너무 짧게 적었다는 거야.**

래머군 🙂 짧은 게 왜 나쁜 거야?

천사양 😇 **의미를 전혀 알 수 없잖아.** 변수를 만든 사람한테 가서 물어보고 와.

래머군 🙂 물어보고 왔어. 나이를 가리킨대. ages의 앞글자만 하나 따서 a라고 적었대.

천사양 😇 그러니까 1살짜리와 2살, 3살짜리가 뭉치면 총 6살이 된다는 것을 코드로 만들었다는 얘기네.

래머군 🙂 그러네. ages라고 적었으면 금방 알았을 텐데. 이 프로그램에서 나이 기능이 모두 취소되는 바람에 필요가 없어졌대.

결말

래머군 🙂 코드는 장황하게 작성하는 것보다 간단하게 작성하는 게 더 좋은 거지?

천사양 😇 그래 맞아.

래머군 하지만 변수명을 짧게 쓰는 것은 피해야 하고.

천사양 물론이지. 장황한 코드를 읽기 쉽도록 짧게 작성했는데 변수명을 짧게 만들어서 가독성을 떨어뜨린다면 의미가 없지.

악마씨 누가 L이라고 한 글자만 적어 놓은 편지를 보냈다면 러브레터인 줄 알길 바라.

천사양 Large 치수의 L 아니었어? 기분 나빠서 바로 버렸어.

악마씨 그건 LOVE의 L이었어!

1.33

이름이 너무 길어서 생기는 문제

사건의 시작

래머군 의미를 알 수 있도록 변수명을 길게 만들어달라고 요청했더니 엄청나게 긴 놈이 왔어.

```
stocksOfWinterProductsFrom2012To2014InTokyoStore
```

악마씨 이거 죽인다. 몇 글자야?

래머군 48글자.

천사양 변수명에 있는 단어에 모두 의미가 있기는 한 거야?

래머군의 요청

래머군 예를 들어 다음 코드를 봐. 2012년부터 2014년까지의 겨울 상품 재고를 관리하는 프로그램이야.

```
string[] stocksOfWinterProductsFrom2012To2014InTokyoStore = {"바지","장갑"}
```

래머군 이런 변수 선언이 의미가 있을까?

악마씨   길수록 좋아. 그만큼 알기도 쉽잖아.

래머군 근데 읽기가 너무 어려워. 아무리 알기 쉽다고 해도 귀찮으면 읽을 수가 없어.

악마씨 노력과 근성이 필요해.

천사양의 답

천사양 이름이 너무 길면 가독성이 떨어지기 때문에 안 돼. 특히 정보가 장황할 때는 더 짧게 만들어야 해.

래머군 어떻게?

천사양 이 코드에서 2012년부터 2014년까지의 겨울 상품 재고를 관리하는 프로그램이다라는 것은 이미 알고 있는 사항이야. 따라서 `WinterProducts`와 `From2012To2014`는 빼도 괜찮아. 이 두 단어를 빼서 다음과 같이 수정해도 변수의 의미는 달라지지 않아.

```
stocksOfWinterProductsFrom2012To2014InTokyoStore
```

```
stocksInTokyoStore
```

래머군   우와, 짧아졌다!

천사양   이렇게 하면 18글자야. 적당히 길어도 의미 전달에는 문제가 없어.

결말

래머군 변수명은 길어도 안 되고 짧아도 안 되는 거네?

천사양 어떤 길이가 가장 좋다고 단정 짓기는 어려워. 아직 많은 논쟁이 있는 부분 중 하나지.

악마씨 나의 논쟁거리는 어떻게 하면 천사양과 거리를 좁히느냐야. 멀어도 안 되고 너무 가까우면 거절당하거든. 최상의 거리를 찾기란 너무 어려운 숙제야.

래머군 거절당하지 않도록 자신을 발전시킬 생각을 해야지.

악마씨 있는 그대로의 나를 봤으면 좋겠어.

천사양 이런, 그건 몰랐네. 악마씨가 개미의 엄마인지는 몰랐어.[1]

악마씨 있는 그대로라고 말한 거야! 그런 의미가 아니고.

래머군 말려야 하는 건가….

---

1 있는 그대로는 일본어로 아리노마마(ありのまま)라 한다. 이때 아리가 개미, 마마는 엄마라는 뜻이 있어서 개미의 엄마라고 말장난을 하는 것이다 - 옮긴이.

내 이름은 도빈(로빈이 아니다). 오늘도 배드맨과 함께 배드 모빌을 타고 제로섬 시티를 순찰하고 있다.

이런, 저기 또 악당이 나타났다.

"우하하하. 나는 무한 루프맨. 영원히 끝나지 않지."

위험하다. 배드맨의 공격이 하나도 먹히질 않는군. 무한 루프에는 종료 조건이 없어서 공격할 곳이 없어.

한 가지 좋은 생각이 났어!

"for문을 foreach문으로 바꿉시다. foreach문은 종료 조건을 명시하지 않기 때문에 컬렉션이 끝나면 반드시 루프가 끝나거든요."

```
foreach(var item in forever())
{
    Console.WriteLine(item);
}
```

"우하하하. 바보 아냐? 이 메서드만 있으면 무한 루프가 가능하다고!"

```
static IEnumerable<int> forever()
{
    for(; ; ) yield return 0;
}
```

"이런! 당했다!"

도빈의 지력이 간파당했다.

하지만 배드맨은 침착했다.

그리고 아무 말 없이 콘센트를 뽑아 버렸다.

"도빈, 잘 기억해 둬. 이것이 무력으로 해결하는 방법이야. 강제로 전원을 차단하는 거지."

하지만 무한 루프맨이 부활했다.

"바보 아냐? 세상에는 UPS라는 편리한 장비가 있…"

배드맨은 아무 말 없이 UPS에서 배터리를 뺐다.

그렇다. 노트북이나 UPS가 장착된 PC에서는 배터리만 빼면 된다.

"배드맨. 더 할 말 없어요?"

"어린이들은 절대 따라 하지 마. 콘센트를 빼는 것은 마지막 방법이야. 가능하면 정상적인 방법으로 시스템을 종료하도록. 잘못하면 파일 시스템이 망가질 수도 있고 파일을 잃을 수도 있어."

"이것이 바로 배드맨만의 **잘못된 요령**이군요!"

1.34

기호로 된 이름 때문에 생기는 문제

사건의 시작

래머군 　🙂　큰일이야. 길지도 않고 짧지도 않은 변수명에 문제가 생겼어.

악마씨 　😈　자세히 얘기해 봐.

천사양 　😇　그래, 무슨 얘기야?

래머군 　🙂　변수의 의미를 전혀 모르겠어.

래머군의 요청

래머군 　🙂　다음과 같은 상태야.

- 어떤 프로그램의 코드를 수정해야 한다.

- 변수가 v0001부터 v0002, v0003… 순으로 총 100개 정도 있다.

- 변수의 의미를 모르겠다고 했더니 사양서를 보라는 대답만 돌아왔다.

- v0001은 이름이고 v0002는 성별, v0003은 나이라는 것을 알았다.

- 변수 v0999의 의미는 사양서에도 나와 있지 않지만 계산에 사용된다.

- 자세히 보니 이전 이름[1]이 있어야 할 자리에 최종 학력이 있다. 하지만 프로그램은 정상적으로 동작한다.

1　이전 이름이란 결혼하기 전의 성을 말한다. 일본에서는 여자가 결혼하면 남자의 성으로 이름을 바꾸기 때문에 이전 이름이 있다－옮긴이.

래머군　어떻게 해야 하지?

악마씨의 답

악마씨　하하. 코드와 사양서 사이에 차이가 생기는 것은 자주 있는 일이야. 개발이 진행되면서 사양서와 실제 코드는 점점 다른 길을 가게 되지.

래머군　그럼 어떻게 해야 해?

악마씨　래머군이 사양서를 전부 고쳐.

천사양의 답

천사양　여기에는 두 가지 문제점이 있어.

래머군　두 가지?

천사양　다음 두 가지야.

- 기호로 된 변수명은 가독성을 떨어뜨린다.
- 코드와 사양서(또는 주석) 내용이 차이가 많이 나서 코드를 이해하는 데 도움이 되지 않는다.

래머군　알았어. **기호로 된 변수명 때문에 가독성이 떨어졌다고 해서 이를 보완하기 위해 사양서에 의존하는 것은 무리가 있다**는 의미지?

천사양　맞아. 따라서 **코드는 코드 자체로 자기주장을 할 수 있도록 작성해야 해.** 변수명도 v0001라고 적지 말고 name으로 해야 하고. 그렇게 하면 그 변수에 이름이 들어간다는 것은 누구나 알 수 있어.

래머군　이름만 제대로 작성해도 이전 이름을 넣는 변수에 최종 학력이 들어갈 일은 없다는 소리네.

래머군 기호로 된 변수명은 사용하지 않는 것이 좋겠어.

천사양 클래스명이나 메서드명도 마찬가지야.

악마씨 하지만 비주얼 스튜디오에서 컨트롤을 배치하면 Button1, Button2, Button3… 같은 이름이 생겨.

천사양 그건 그냥 틀일 뿐이야.

래머군 틀이라고?

천사양 이름이 없으면 곤란하니까 임시로 붙여 놓은 거지. 따라서 컨트롤의 이름은 바꾸는 게 좋아.

래머군 알았어. 영원히 남겨둬야 할 이름은 아니구나.

악마씨 그런데 래머군의 최종 학력은 뭐야?

래머군 동서남북 대학을 졸업했어. 천사양의 최종 학력은?

천사양 최종 학력? 난 학문의 신에게 직접 배웠기 때문에 학교 같은 건 다니지 않았어.

래머군 일대일로 배웠어? 멋지다. 그러면 악마씨는?

악마씨 악마는 학교 안 가. 매일 일요일이거든. 좋지?

래머군 초등학교도 나오지 않은 거야?

악마씨 뭐야, 놀리는 거야?

라이브러리 문제

2.1

구세대 컬렉션 사용

사건의 시작

래머군 선배가 전설의 기술을 가르쳐줬는데 솔직히 좀 꺼림칙해. 다른 사람이 사용하는 것을 본 적이 없거든.

악마씨 그래서 전설인 거야. 라이벌과 격차를 벌리려면 사용해야 해.

래머군 침착해. 그거 정말 사용해도 되는 거야? 확인은 했어?

래머군의 요청

래머군 먼저 다음 두 개의 코드를 봐줘. 컬렉션[1]이 사용된 것 같아.

코드 A

```
using System;
using System.Collections.Generic;

class Program
{
    static void Main(string[] args)
    {
```

---

1 컬렉션(collection)이란 쉽게 말해 배열이나 리스트처럼 데이터를 저장하는 구조 전체를 가리킨다 – 옮긴이.

```
        var coll = new Dictionary<object, object>();
        coll.Add("a", "Alice");
        Console.WriteLine(coll["a"]);
    }
}
```

코드 B

```
using System;
using System.Collections;

class Program
{
    static void Main(string[] args)
    {
        var coll = new Hashtable();
        coll.Add("a", "Alice");
        Console.WriteLine(coll["a"]);
    }
}
```

래머군 😀 다음 내용이 이상한 것 같아.

- 선배의 주장에 따르면 코드 A를 코드 B와 같이 변경하면 코드를 단축할 수 있다.

- 실행 결과는 같다.

- 코드의 글자 수는 줄었다.

- 하지만 Hashtable 클래스는 아무도 사용하지 않는다. 아예 있다는 사실을 모르는 사람도 많다. 이런 클래스를 아무렇지 않게 사용해도 되는가?

악마씨의 답

악마씨 😈 아무도 사용하지 않는다면 오히려 더 사용해야지. 그래서 이 기술을 알고 있는 유일한 사람이 되는 거야. 으흐흐.

래머군 　그런가?

악마씨 　System.Collections.Generic.List<object>는 System.Collections.
ArrayList로 바꿀 수도 있어.

래머군 　코드가 단축되기는 하겠네.

천사양의 답

천사양 　사용하면 안 돼.

래머군 　이유가 뭐야?

천사양 　두 가지 이유가 있어. 첫째, **Hashtable 클래스는 호환을 위해 남아있긴 하지만**
오래된 클래스야. C#의 API 세트에 포함돼 있지 않아. 둘째, Dictionary<object,
object> 클래스와 Hashtable 클래스는 **완전히 호환되는 것이 아니라서 클래스 명**
만 바꿔서는 실행되지 않을 수도 있기 때문이야.

래머군 　언제 호환이 안 되는데?

천사양 　다음 코드 두 개를 실행해보면 알 수 있어.

코드 A

```
using System;
using System.Collections;

class Program
{
    static void Main(string[] args)
    {
        var coll = new Hashtable();
        Console.WriteLine(coll["a"]);
    }
}
```

코드 B

```csharp
using System;
using System.Collections.Generic;

class Program
{
    static void Main(string[] args)
    {
        var coll = new Dictionary<object, object>();
        Console.WriteLine(coll["a"]);
    }
}
```

래머군 코드 A는 예외가 발생하지 않지만, 코드 B에서는 예외가 발생해.

천사양 존재하지 않는 키 값을 가져오려 하면 오래된 클래스는 null이 되지만, 새 버전 클래스에서는 예외가 발생해. 서로 호환이 되지 않는다는 얘기지.

결말

악마씨 뭐야, 나만 알고 있는 특별한 기술인 줄 알았는데.

천사양 호환되지 않거나 지원이 끊긴 경우도 있기 때문에 System.Collections 네임스페이스는 사용하지 않는 것이 좋아. 필요하다면 System.Collections.Generic을 사용해.

래머군 하지만 옛날 코드에서 이미 사용 중일 때는 어떻게 하지? 전부 수정해야 돼? 호환이 안 되면 단순 변경도 안 되잖아.

천사양 변경하는 데 드는 수고를 줄이기 위해서 호환용 클래스로 남아있는 거야.

래머군 수정하지 않아도 된다는 말이야?

천사양 일시적인 유예 기간이라고 생각하면 돼. 언젠가는 수정하는 것이 좋지. 하지만 신규 프로그램에서 사용하지는 마.

2.2

컬렉션 반환

래머군　　😀　컬렉션에서 특정 조건에 부합하는 요소만 추출하는 메서드가 있어. 그런데 이상하게 결과를 보면 요소가 한 개 부족해.

악마씨　　😈　메서드 버그 때문이야. 코드를 봐.

래머군　　😀　몇 번이나 확인했는데 잘못된 부분은 없어. 트레이스(trace)를 확인해도 예상한 대로 동작하고 있고.

천사양　　😇　그러면 메서드가 종료된 후에 결과가 달라졌다는 말이네.

 래머군의 요청

래머군　　😀　다음이 문제의 코드야.

```csharp
using System;
using System.Linq;
using System.Collections.Generic;

class Program
{
    private static List<int> searchItems(Func<int, bool> checkCondition)
    {
        int[] array = { 1, 2, 3 };
        var list = new List<int>();
```

```
        foreach(var item in array)
        {
            if(checkCondition(item)) list.Add(item);
        }
        return list;
    }

    static void Main(string[] args)
    {
        var r = searchItems((n) => n >= 2);
        r.RemoveAt(1);
        Console.WriteLine("결과는 {0}개입니다.", r.Count);
    }
}
```

래머군 😐 다음 내용이 이해가 안 돼.

- 1, 2, 3이라는 배열에서 1을 제외한 컬렉션을 만들고 있다.

- 당연히 2와 3만 남고 '결과는 2개입니다.'가 출력돼야 하지만, **'결과는 1개입니다.'**가 출력된다.

- 버그는 어디에 있는가?

- 재발 방지책은 무엇인가?

 악마씨의 답

```
using System;
using System.Linq;
using System.Collections.Generic;

class Program
{
    private static List<int> searchItems(Func<int, bool> checkCondition)
    {
            ⋮
```

```
    }

    static void Main(string[] args)
    {
        var r = searchItems((n) => n >= 1);
        r.RemoveAt(1);
        Console.WriteLine("결과는 {0}개입니다.", r.Count);
    }
}
```

악마씨   조건식을 n >= 1로 수정했어. 이렇게 하면 결과는 2개가 돼.

래머군   버그의 원인도 찾았어?

악마씨   결과가 맞으니 원인은 상관 없지.

래머군   재발 방지책은?

악마씨   조심해서 작성하면 돼.

천사양   악마씨의 답은 잘못됐어. **원인은 알지 못한 채 결과만 수정하면 또 다른 버그를 만들 수 있어.** 조심한다고 해서 버그가 발생하지 않는다면 처음부터 이런 고생은 할 필요가 없지.

천사양의 답

```
using System;
using System.Linq;
using System.Collections.Generic;

class Program
{
    private static IEnumerable<int> searchItems(Func<int, bool> checkCondition)
    {
            ⋮
    }
```

```
static void Main(string[] args)
{
    var r = searchItems((n) => n >= 2);
    r.RemoveAt(1);
    Console.WriteLine("결과는 {0}개입니다.", r.Count());
}
}
```

천사양 🙂 버그의 원인은 1을 제외하는 처리가 두 군데 있기 때문이야. 그리고 그 중 하나
는 잘못됐고.

래머군 🙂 무슨 말이야?

천사양 🙂 n >= 2라는 조건에서 1을 제외하고 있어. 그리고 r.RemoveAt(1); 역시 1을 삭
제(remove)하려는 의도로 작성된 구문이야. 하지만 실제로 삭제되는 것은 1이 아
니라 첫 번째 요소야. 따라서 1과 첫 번째 요소인 2가 제거되면서 세 개 중 하나만
남는 거지.

래머군 🙂 재발 방지책은?

천사양 🙂 searchItems 메서드의 반환 값 형을 List<Int>에서 IEnumerable<int>로 변경
했어. 열거 인터페이스인 IEnumerable<int>에는 컬렉션을 늘리거나 줄이는 기능이
없어. 따라서 r.RemoveAt(1);에서 에러가 발생하고 이 부분이 잘못됐다는 것을 알
수 있는 거지.

 결말

악마씨 😈 뭐야, 나 또 틀린 거야?

래머군 🙂 결국 버그의 원인은 설명하지도 못했고 결과도 개수만 맞았던 거였어. 원했던
컬렉션 요소가 아니었어.

악마씨 😈 컬렉션의 값까지 맞기를 원했어?

천사양 🙂 원인을 모르는 상태에서 결과만 맞히는 것은 치명적인 문제를 일으킬 수 있어.

악마씨 😈 치명적이라니, 나는 악마야. 생명에 위협을 주지 않는다고.

2.3

윈폼에 대한 고집

사건의 시작

래머군 　새로운 일이 생겼어. 윈도 데스크톱 애플리케이션을 만드는 일이야.

천사양 　축하해.

래머군 　하지만 개발 회의가 너무 많아.

천사양 　왜?

래머군 　윈도 데스크톱 애플리케이션이라는 것만 정해졌고 구체적인 기술은 아직 결정되지 않았어. 그런데 윈폼(WinForms) 지지자와 WPF(Windows Presentation Foundation) 지지자로 의견이 완전히 나뉘어서 대치 중이야.

악마씨 　구체적으로 어떻게 나뉜 건데?

래머군 　기존의 안정적인 라이브러리를 사용할 수 있다는 측면에서 윈폼이 지지를 받았지만, 기술 장래성 측면에서 WPF가 지지를 받고 있어.

래머군의 요청

래머군 　두 가지 중 어느 것을 채택해야 하지? 실제 개발에서는 어떤 점이 다른 거야?

악마씨의 답

악마씨 🦹 실적도 어느 정도 있고 모두에게 익숙한 윈폼을 사용해. 폼에 컨트롤만 배치하면 되니까 쉬워. WPF도 그래픽 인터페이스기는 하지만, XAML 소스를 편집해야 해서 번거로워.

천사양의 답

천사양 😇 **WPF를 사용하는 것이 편해.**

래머군 🙂 하지만 XAML이라는 폼 편집 언어를 수동으로 편집해야 하잖아.

천사양 😇 아니야. 컨트롤을 이용해서 배치할 수도 있어. 하지만 **XAML을 수동으로 편집하는 것이 좋긴 해.**

래머군 🙂 역시 귀찮아.

천사양 😇 꼭 그렇지는 않아. 오히려 편해.

래머군 🙂 어떻게?

천사양 😇 보통 컨트롤 관계나 계층이 복잡할 때는 그래픽 에디터로 배치해도 깔끔하지가 않아. 하지만 XAML 소스로 컨트롤을 나열하면 계층이나 배치 순서를 마음대로 제어할 수 있거든. 게다가 텍스트 에디터의 바꾸기 기능만 알고 있으면 수정 작업도 간단해. 컨트롤을 수동으로 삽입할 때도 인텔리센스를 사용할 수 있기 때문에 생각보다 번거롭지 않아.

래머군 🙂 일괄 변경으로 폼 디자인을 수정할 수 있는 거야? 그거 좀 편리하겠는데.

결말

래머군 🙂 결국 WPF 지지자의 승리네.

악마씨 🦹 윈폼도 좋은 기술인데. 안타깝다.

천사양 😇 악마씨가 XAML 사용법을 몰라서 그러는 거 아니야?

악마씨 　헉, 하지만 괜찮아. 어차피 나는 공부가 싫어.

래머군 　결국 원폼 지지자들의 대부분은 WPF를 사용한 적이 없기 때문에 그냥 계속 원폼을 쓰고 싶었던 거지 원폼이 더 낫다고 생각해서 그런 건 아니지 않았을까?

천사양 　사용법이 다르기 때문에 진입 장벽이 높긴 하지만, WPF 맛을 한 번 알고 나면 다른 건 사용하지 않게 되지.

래머군 　왜?

천사양 　그래픽 에디터로 자동화하는 데는 한계가 있으니까. 하지만 **XAML은 코드기 때문에 문자열 처리로 얼마든지 자동화할 수 있거든.**

악마씨 　잉, 형아 여기가 어디야?

래머군 　악마씨가 갑자기 아이가 됐어!

XAML을 사용하면
수동 편집도 간단

2.4

윈도 API를 직접 호출한다

사건의 시작

래머군 그 선배 자기 코드 자랑을 그렇게 하더니 이게 뭐야! 가상 머신에서 원시 코드를 직접 호출할 수 있다더니.

천사양 무슨 문제 있어?

래머군 모르는 기술로 가득 차 있어서 코드를 읽을 수가 없어. 이 코드를 관리하라고 하면 난 죽음이야.

악마씨 그러면 더 어려운 코드를 만들어서 복수하는 거야.

천사양 그걸로는 해결이 안 돼.

래머군의 요청

래머군 1,000 헤르츠 음을 1,000 밀리 초 간격으로 계속 울리는 프로그램이야. 선배 말로는 원시 코드의 DLL[1]을 직접 호출하기 때문에 효율이 좋대.

```
using System;
using System.Runtime.InteropServices;

class Program
```

---

1   DLL은 Dynamic-Link Library의 약자로 동적 연결 라이브러리 파일을 의미한다 – 옮긴이.

```
{
    [DllImport("kernel32.dll")]
    extern static bool Beep(uint dwFreq, uint dwDuration);

    static void Main(string[] args)
    {
        Beep(1000, 1000);
    }
}
```

래머군 하지만 이 코드는 읽을 수가 없어. 가능하면 읽을 수 있는 코드로 만들고 싶어.

악마씨의 답

```
using System;
using System.Runtime.InteropServices;

class WindowsApiWrapper
{
    [DllImport("kernel32.dll")]
    extern static bool Beep(uint dwFreq, uint dwDuration);

    public static void WindowsApiBeep(uint dwFreq, uint dwDuration)
    {
        Beep(1000, 1000);
    }
}

class Program
{
    static void Main(string[] args)
    {
        WindowsApiWrapper.WindowsApiBeep(1000, 1000);
    }
}
```

악마씨 이해할 수 없는 구문은 전용 클래스 안에 넣고 그것을 블랙박스화하면 돼. 이렇게 하면 유지 관리를 할 수 있지.

래머군 의미도 모르는 코드를 전용 클래스를 만들어서 넣을 수는 없어.

악마씨 그런가?

천사양의 답

```
using System;

class Program
{
    static void Main(string[] args)
    {
        Console.Beep(1000, 1000);
    }
}
```

천사양 냉정하게 잘 생각해 봐.

래머군 뭐를?

천사양 이 프로그램은 1,000 밀리 초마다 소리를 울리는 거야. 그렇지?

래머군 어, 맞아.

천사양 소리를 내기 위해선 한 번만 호출하면 되는 거고.

래머군 그것도 맞아.

천사양 그렇다면 원시 코드를 사용한다고 해도 호출 속도만 약간 빨라질 뿐이지 실행 시간에는 차이가 없어. 게다가 래머군 선배가 사용한 **P/Invoke**[2] 라는 기술에는 오버헤드가 있어. 직접 원시 코드를 호출하는 게 아니야.

---

2 P/Invoke는 Platform Invoke의 줄임말로 플랫폼을 불러온다는 의미다. 여기서 플랫폼이란 윈도 API를 가리킨다 – 옮긴이.

래머군 😊 그렇구나. 닷넷 프레임워크 메서드를 써도 그렇게 차이가 나지는 않네.

천사양 😇 맞아. 게다가 **외부 모듈은 아무리 호환된다고 해도 다른 환경에서는 동작하지 않을 수 있어.** 따라서 원시 코드(윈도 API)에 너무 의존하지 않는 것이 좋아.

🎬 결말

악마씨 😈 원시 코드는 남자의 로망이야. 효율도 좋고 불필요한 코드도 없고.

천사양 😇 그렇지 않아. 악마씨가 작성한 C# 프로그램도 일시적으로 중간 언어로 변환되기는 하지만, 결국은 JIT 컴파일러[3]가 원시 코드로 변환해서 실행하는 거야.

악마씨 😈 정말?

천사양 😇 게다가 요즘은 직접 원시 코드를 출력하는 C# 컴파일러도 있어. 그냥 C# 코드만 사용해도 원시 코드랑 속도 차이가 별로 없어.

래머군 😊 그러면 나는 어떤 걸 주의해야 하지?

천사양 😇 **환경 차이를 고려해야 해. 다시 말하자면, 특정 환경에 의존적인 코드는 작성하지 않는 것이 좋아.**

래머군 😊 예를 들면?

천사양 😇 포인터의 크기는 환경에 따라 달라지기 때문에 int나 long을 사용하지 않고 **IntPtr**을 사용하는 것이 좋아.

래머군 😊 **원시 코드에 따라서 크기가 변하는 형이 C#에 있다**는 뜻이야?

천사양 😇 맞아. C#을 사용하는 것만으로도 이미 반은 원시 코드 세계에 있다고 보면 돼.

---

3 JIT 컴파일러란 Just-In-Time 컴파일러로 실행 시점에 동적으로 원시 코드(기계어)로 변환하는 방식이다 – 옮긴이.

2.5

The C# Best Know-how

오래된 기술 XML DOM

사건의 시작

래머군   XML을 사용한 코드를 보고 있는데 기능에 비해 길이가 너무 길어서 이해하기가 힘들어.

악마씨   XML은 옛날 옛적 기술이야. HTML5를 사용해.

천사양   오래된 코드를 보고 있는 건 아냐?

래머군   어떻게 알았지?

래머군의 요청

래머군   이 프로그램인데 너무 길어. GetElementsByTagName 메서드는 20자나 돼. 나를 죽이려고 하는 게 분명해. 너무 길어서 읽기가 싫어. 좀 더 똑똑한 방법은 없을까?

```
using System;
using System.Xml;

class Program
{
    static void Main(string[] args)
    {
        var s = "<root><a/><a/><a/><b/><a/><c/></root>";
        var doc = new XmlDocument();
        doc.LoadXml(s);
```

```
        var elements = doc.GetElementsByTagName("a");
        Console.WriteLine("a 요소가 {0}개 있습니다.", elements.Count);
    }
}
```

악마씨의 답

악마씨   XML은 과거 기술이야. HTML5나 JSON을 써.

래머군   HTML5로 a 요소를 작성할 수 있어?

악마씨   당연하지. 하이퍼링크용 a 요소 아냐?

래머군   아니야. 사용자 정의 a 요소야. 작성할 수 있어?

악마씨   ….

래머군   그럼 안 되겠네.

악마씨   그렇다면 JSON으로 하면 돼.

래머군   JSON으로는 인코딩 지정이 안 되기 때문에 문자가 깨지는 문제가 생길 수 있어.

천사양의 답

```
using System;
using System.Linq;
using System.Xml.Linq;

class Program
{
    static void Main(string[] args)
    {
        var s = "<root><a/><a/><a/><b/><a/><c/></root>";
        var doc = XDocument.Parse(s);
        var elements = doc.Descendants("a");
```

```
        Console.WriteLine("a요소는 {0}개입니다.", elements.Count());
    }
}
```

천사양 XML은 잘 만들어진 **메타 언어야.** 비주얼 스튜디오의 설정 파일도 대부분 XML로 작성됐고. 하지만 관련 기술이 효율적이지 않다는 지적도 많아. 예를 들어 래머군의 코드에 사용되고 있는 **DOM**[1]도 그 중 하나야.

래머군 GetElementsByTagName이라는 긴 메서드 말하는 거지?

천사양 그건 DOM에 사용되는 메서드 중 하나에 불과해

래머군 무슨 의미인지 알겠어. **더 효율적인 API가 있다**는 얘기지?

천사양 그래 맞아. 여기서는 **LINQ to XML**을 사용했어. 이걸 쓰면 코드가 많이 짧아져. GetElementsByTagName 메서드와 Descendants 메서드의 기능이 같다고 할 수는 없지만, 여기서는 결과가 같아.

결말

천사양 참고로 악마씨가 말한 HTML5를 사용한다 해도 수정하려면 DOM을 사용할 확률이 높아.

래머군 HTML5로 개선할 수가 없는 거네.

천사양 그래서 jQuery 같은 라이브러리를 같이 사용해야 해.

악마씨 그래, 라이브러리를 사용하면 돼.

천사양 jQuery는 자바스크립트 라이브러리로 TypeScript에서는 사용할 수 있지만 C#에서는 사용할 수 없는데요?

악마씨 이런….

---

1 DOM이란 Document Object Model의 약자로 XML을 다루기 위한 API의 일종이다. 기술 자체가 오래돼서 불편한 점이 많지만, 역자같이 오래된(?) 기술자에게 DOM은 익숙하고 편리한 도구다 - 옮긴이.

2.6

오래된 기술 XSLT

 사건의 시작

래머군   큰일 났어. XSLT[1] 파일이 변경되는 바람에 갑자기 프로그램이 동작하지 않는다고 연락이 왔어. 한 번도 XSLT를 써본 적이 없어서 잘 모르는데 어떡하지?

악마씨   그런 구시대 기술은 아무도 사용하지 않을 거야.

천사양   XSLT의 다음 버전인 3.0이 곧 공개될 거야. 현재 W3C Last Call Working Draft 12 December 2013 상태로 아직 끝난 기술이 아니야.

 래머군의 요청

래머군   내가 말한 게 이 프로그램이야.

```csharp
using System.Linq;
using System.Xml;
using System.Xml.XPath;
using System.Xml.Linq;
using System.Xml.Xsl;

class Program
{
```

---

1 XSLT는 XML을 특정 포맷으로 변환하기 위한 것으로 W3C가 정한 표준 구문이다 – 옮긴이.

```
        static void Main(string[] args)
        {
#pragma warning disable 618
            XslTransform xslt = new XslTransform();
            xslt.Load("http://erika.piedey.co.jp/a.xsl");
            XPathDocument mydata =
                        new XPathDocument("http://erika.piedey.co.jp/a.xml");
            XmlWriter writer = new XmlTextWriter(Console.Out);
            xslt.Transform(mydata, null, writer, null);
        }
}
```

래머군 그런데 다음 파일을 입력하면 동작하지 않아. 원인과 대책을 알고 싶어.

```
<?xml version="1.0"?>

<xsl:stylesheet version="2.0" xmlns:xsl="http://www.w3.org/1999/XSL/Transform">

    <xsl:template match="/">
        <GeneratedByXSlt >
            <xsl:variable name="values" as="xs:integer*">
                <xsl:sequence select="(1,2,3,4)"/>
            </xsl:variable>
            <xsl:value-of select="sum($values)"/>
        </GeneratedByXSlt >

</xsl:template>

</xsl:stylesheet>
```

악마씨의 답

악마씨 #pragma warning disable 618이 잘못됐네. 경고가 발생되지 않도록 막고 있
어. 이 한 줄을 지우면 이미 오래 전에 사용이 종료된 API란 걸 알 수 있지. 문서에
는 XSLT 1.0 대응용이라고 적혀 있어.

래머군 👦 오래된 코드구나.

악마씨 😈 오래돼도 너무 오래됐어. XSLT 파일을 보면 version = "2.0"이라고 써 있어. 이건 2.0 스타일시트야.

래머군 😵 아, 버전이 맞지 않는 거였어.

악마씨 😈 따라서 최근에 나온 API를 사용하면 돼.

```csharp
using System;
using System.Xml.Xsl;

class Program
{
    static void Main(string[] args)
    {
        XslCompiledTransform xslt = new XslCompiledTransform();
        xslt.Load("http://erika.piedey.co.jp/a.xsl");
        xslt.Transform("http://erika.piedey.co.jp/a.xml",
                                    new XsltArgumentList(), Console.Out);
    }
}
```

래머군 😵 그래도 에러가 발생하는데?

악마씨 😈 어라, 왜 이러지?

천사양의 답

천사양 😇 닷넷 프레임워크만 사용해서는 '방법이 없다'가 정답이야.

래머군 😵 진짜? 왜 그런 거야?

천사양 😇 **닷넷 프레임워크에 있는 XSLT 프로세서는 1.0 스타일시트밖에 대응하지 않아.** 따라서 버전 2.0 스타일시트는 API를 바꾼다고 해도 처리할 수 없어.

래머군 😵 그러면 전혀 방법이 없는 거야?

천사양 😇 XmlPrime이나 Saxon 같은 다른 회사의 라이브러리는 XSLT 2.0(경우에 따라 3.0도)을 지원해. 필요하다면 이런 제품을 시험해 보는 것이 좋아.

래머군 천사양도 그 라이브러리를 사용하고 있어?

천사양 아니.

래머군 이유는?

천사양 XSLT는 코드가 복잡하거든. 나라면 XSLT를 사용하지 않는 방향으로 전체를 수정할 거야. XSLT 라이브러리는 사용하고 싶지 않아.

 ## 결말

래머군 결국 어떻게 해야 하는 거지?

악마씨 다음 중 하나를 골라.

- XSLT 사용을 포기한다.

- XmlPrime이나 Saxon을 사서 작업한다. 돈이 좀 든다.

- XSLT 파일을 1.0에 대응하도록 수정 요청한다. 담당자에게 무릎 꿇고 애원한다.

천사양 어느 방법을 선택하든 이미 C#의 문제가 아니야.

래머군 천사양 도와줘. 조언을 줘.

천사양 어느 방법이 좋은지는 상황에 따라 달라. 시간이 없다면 XSLT 사용을 포기하고 전체를 수정하는 건 좀 어렵겠지. 타사 라이브러리를 사려면 예산이 필요할 테고. 무엇이 최선인지는 래머군 스스로 판단해야 해.

악마씨 역시 무릎 꿇고 부탁하는 수밖에.

천사양 악마씨는 좀 조용히 해.

악마씨 미안, 가만히 있을게. 용서해줘.

래머군 악마씨가 천사양에게 무릎 꿇고 사과하는 꼴이군.

2.7

개별 형식 바이너리의 시리얼라이즈

 사건의 시작

래머군 객체는 시리얼라이즈(serialize)해야 되지?

악마씨 그렇지. 아침에는 시리얼을 먹어야 힘이나.

래머군 그 시리얼이 아니라 시리얼라이즈.

악마씨 잉?

천사양 시리얼라이즈는 **객체를 시스템 외부로 보내기 위해 변환하는 방법 중 하나로 일반적인 기술**이야. 근데 뭐가 문제야?

래머군 선배는 바이너리로 시리얼라이즈하는 것이 가장 효율적이라고 하는데 나는 그렇게 생각하지 않거든.

 래머군의 요청

래머군 의문의 프로그램이야.

```
using System;
using System.IO;
using System.Runtime.Serialization;
using System.Runtime.Serialization.Formatters.Binary;


[Serializable]
```

```
public class SampleSerializableClass
{
    public string Value { get; set; }
}

class Program
{
    static void Main(string[] args)
    {
        SampleSerializableClass obj = new SampleSerializableClass();
        obj.Value = "Hello!";
        IFormatter formatter = new BinaryFormatter();
        using(Stream stream = new FileStream("sample.bin", FileMode.Create))
        {
            formatter.Serialize(stream, obj);
        }
        using(Stream stream = new FileStream("sample.bin", FileMode.Open))
        {
            SampleSerializableClass read =
                    (SampleSerializableClass)formatter.Deserialize(stream);
            Console.WriteLine(read.Value);
        }
    }
}
```

래머군 알고 싶은 것은 다음과 같아.

- 작성된 파일이 바이너리 형식이라서 문자열로 전송할 수 없다. 결국, 뒤에서 인코딩을 다시 해야 한다.

- 눈으로 봐서는 파일 내용을 알 수 없다.

- 통신에 사용하기 때문에 데이터가 무거우면 안 된다. 단, 다른 프로그램에서 읽을 수 있는지 범용성은 고려하지 않아도 된다.

- 더 효율적인 방법은 없을까?

```
using System;
using System.IO;
using System.Xml.Serialization;

public class SampleSerializableClass
{
    public string Value { get; set; }
}

class Program
{
    static void Main(string[] args)
    {
        SampleSerializableClass obj = new SampleSerializableClass();
        obj.Value = "Hello!";
        XmlSerializer serializer =
                        new XmlSerializer(typeof(SampleSerializableClass));
        using(Stream stream = new FileStream("sample.xml", FileMode.Create))
        {
            serializer.Serialize(stream, obj);
        }
        using(Stream stream = new FileStream("sample.xml", FileMode.Open))
        {
            SampleSerializableClass read =
                    (SampleSerializableClass)serializer.Deserialize(stream);
            Console.WriteLine(read.Value);
        }
    }
}
```

악마씨 　 XML을 사용해. 데이터는 텍스트로 읽을 수 있으니까 관리하기도 쉬워. 게다가
XML은 W3C 표준이거든.

천사양의 답

(※실행 시에는 System.Runtime.Serialization.dll 참조를 추가해야 함)

```csharp
using System;
using System.IO;
using System.Runtime.Serialization;
using System.Runtime.Serialization.Json;

[DataContract]
public class SampleSerializableClass
{
    [DataMember()]
    public string Value { get; set; }
}

class Program
{
    static void Main(string[] args)
    {
        SampleSerializableClass obj = new SampleSerializableClass();
        obj.Value = "Hello!";
        DataContractJsonSerializer serializer =
                new DataContractJsonSerializer(typeof(SampleSerializableClass));
        using(Stream stream = new FileStream("sample.json", FileMode.Create))
        {
            serializer.WriteObject(stream, obj);
        }
        using(Stream stream = new FileStream("sample.json", FileMode.Open))
        {
            SampleSerializableClass read =
                    (SampleSerializableClass)serializer.ReadObject(stream);
            Console.WriteLine(read.Value);
        }
    }
}
```

천사양 　불특정 다수의 시스템에 배포하지 않아도 되고 효율이 중요하다면 JSON을 사용하는 것이 좋아. 데이터 크기도 줄일 수 있고.

결말

래머군 　그러니까 바이너리는 문제가 많아서 텍스트로 시리얼라이즈 해야 하는데, 그때도 XML과 JSON이라는 두 가지 선택 안이 있다는 말이지?

천사양 　응. 먼저 어느 쪽을 사용할지 결정해야 해.

래머군 　하지만 악마씨와 천사양이 추천하는 게 서로 달라.

악마씨 　내 명예를 걸고서 말하는 거지만, 처음에는 XML과 바이너리만 선택할 수가 있었어. JSON은 나중에 추가된 거야.

래머군 　왜 JSON이 나중에 추가된 거지?

천사양 　**인터넷과 친화성이 높기 때문이야.** 자바스크립트를 사용한다면 XML보다 JSON이 훨씬 유리해. 효율성도 좋고.

래머군 　그렇다면 XML 자체는 아예 의미가 없는 거 아냐?

천사양 　그렇지 않아. XML에는 JSON에 없는 기능이 많이 있거든. XML이 유리할 때도 있어.

악마씨 　이제 천사양도 XML 지지자와 친구가 되는 게 어때?

천사양 　싫어. 래머군이 요청한 조건에서는 JSON이 유리하단 말이야.

2.8

지나친 예외 의존

사건의 시작

래머군   이상한 일을 맡았어. 어떻게 해야 할지 모르겠어.

악마씨   나한테 넘겨. 어떤 일인데?

래머군   예전부터 사용하고 있는 업무용 프로그램인데 최근에 데이터양이 늘어나서 무거워졌어.

악마씨   알았어. 하드디스크를 교체해. 가장 빠른 CPU가 탑재된 PC를 사용하면 성능이 좋아질 거야.

천사양   잠깐만. 병목 지점이 어딘지 알아?

래머군   응. 문제 위치 파악은 해뒀어.

래머군의 요청

래머군   이게 문제의 프로그램이야.

```
using System;

class Program
{
    static void Main(string[] args)
    {
```

```
        var start = DateTime.Now;
        int failedCount = 0;
        for(int i = 0; i < 100; i++)
        {
            string[] ar = { "abc", "가나다", "漢字", "123" };
            foreach(var item in ar)
            {
                int n = 0;
                try
                {
                    n = int.Parse(item);
                }
                catch(FormatException)
                {
                    failedCount++;
                }
            }
        }
        Console.WriteLine("변환 실패한 데이터는 {0}개입니다.", failedCount);
        Console.WriteLine(DateTime.Now - start);
    }
}
```

래머군 다음은 실행 결과야.

실행 결과

```
변환 실패한 데이터는 300개입니다.
00:00:02.4365218
```

래머군 비주얼 스튜디오에서 디버그를 실행하면 전체 데이터 수를 400개로 제한하고 있는데도 2초 이상 걸려.

천사양 데이터가 4,000개, 40,000개 되면 너무 느려서 못 쓰겠는데.

래머군 프로그램만 수정해서 개선할 수 없을까?

악마씨 이걸 봐. 최신형 컴퓨터야. 래머군이 사용하는 것보다 3배나 빨라. 분명 실행
시간도 1/3로 줄 거야. 어때?

래머군 1/3이라… 그것도 매력적이긴 하네. 지금은 퇴근 전에 돌려놓고 퇴근하는데
1/3이라면 점심 먹으러 나가기 전에 돌려놓으면 점심 먹고 오면 계산이 끝나겠다.

 천사양의 답

```
using System;

class Program
{
    static void Main(string[] args)
    {
        var start = DateTime.Now;
        int failedCount = 0;
        for(int i = 0; i < 100; i++)
        {
            string[] ar = { "abc", "가나다", "漢字", "123" };
            foreach(var item in ar)
            {
                int n = 0;
                if(!int.TryParse(item, out n)) failedCount++;
            }
        }
        Console.WriteLine("변환 실패한 데이터는 {0}개입니다.", failedCount);
        Console.WriteLine(DateTime.Now - start);
    }
}
```

실행 결과

```
변환 실패한 데이터는 300개입니다.
00:00:00.0010061
```

천사양   3배는 너무 짠 거 아냐? 이건 2,400배 빠르지.

악마씨   말도 안 돼! 3배로 이겼다고 생각했는데. 어떤 속임수를 쓴 거야?

래머군   나노 꼭 ㄴ 설명을 듣고 싶어.

천사양   **예외는 매우 무거운 처리라서 발생하지 않도록 하는 것이 기본이야.** 정말 예외적일 때로 제한하는 것이 좋아. int.Parse 메서드를 반복해서 사용해야 한다면 '정수로 변환할 수 없는 문자열은 사용하지 않는다'를 전제해야 해. 하지만 이 코드는 변환되지 않는 데이터가 전체의 3/4을 차지하고 있기 때문에 **변환할 수 없을 때는 예외 처리를 하지 않는 TryParse 메서드로 바꿨어.** 내가 수정한 건 이게 다야.

래머군   정말 그렇게만 해도 빨라지는 거야?

천사양   응, 예외는 매우 무거운 처리야. 예외가 발생하지 않도록 신경만 써도 속도를 개선할 수 있어.

결말

래머군   이 코드를 작성한 선배가 무능한 거야?

천사양   꼭 그렇다고 할 수는 없어. Parse 메서드만 있고 TryParse가 없었던 시절도 있었으니깐. 만약 이 코드가 오래 전에 작성된 거라면 TryParse를 사용하지 않은 게 당연하지.

악마씨   그런데 이 코드는 최신 프레임워크 버전을 사용하는데?

천사양   일반적으로 코드는 호환성을 유지하기 때문에 특별한 문제가 없다면 옛날 코드가 그대로 남아 있기도 해.

래머군   그럼 이제는 TryParse를 사용해야 되겠네?

천사양   그렇지. 하지만 치명적인 문제가 없는 한 Parse 메서드를 사용해도 괜찮아.

The C# Best Know-how

2.9
XElement를 Nullable⟨T⟩로
변환할 수 있을 때

사건의 시작

래머군 　 LINQ to XML 이거 편리하네.

천사양 　 응, 맞아.

래머군 　 그런데 수치를 다룰 때는 문자열을 수치로 변환해야 해서 귀찮아.

악마씨 　 그건 XML이 텍스트 형식으로 작성되기 때문이야. XML을 사용하지 말고 바이너리 파일로 처리해. 바이너리 파일은 원래 수치 형태라서 그런 문제가 없거든.

천사양 　 이상한데. LINQ to XML도 수치를 쉽게 다룰 수 있어.

래머군의 요청

래머군 　 그렇다면 이 코드를 짧게 줄일 수 있을까?

```
using System;
using System.Xml.Linq;

class Program
{
    static void Main(string[] args)
    {
        int? sum = 0;
        var doc = XDocument.Parse("<root><a>1</a><a>2</a><a>3</a></root>");
```

```
        foreach(var element in doc.Descendants("a"))
        {
            var value = element.Value;
            int val;
            if(int.TryParse(value, out val))
            {
                Console.WriteLine(val);
                sum += val;
            }
        }
        Console.WriteLine("합계 {0}", sum);
    }
}
```

 악마씨의 답

```
using System;
using System.Xml.Linq;

class Program
{
    static void Main(string[] args)
    {
        int sum = 0;
        var doc = XDocument.Parse("<root><a>1</a><a>2</a><a>3</a></root>");
        foreach(var element in doc.Descendants("a"))
        {
            var value = element.Value;
            int val = int.Parse(value);
            Console.WriteLine(val);
            sum += val;
        }
        Console.WriteLine("합계 {0}", sum);
    }
}
```

악마씨 　TryParse 대신에 Parse 메서드를 쓰면 짧아져.

래머군 　그런데 변환할 수 없는 데이터가 있을 때는 처리가 달라지는데? 게다가 예외가 발생해서 프로그램이 멈췄어!

악마씨 　이런.

천사양의 답

```csharp
using System;
using System.Xml.Linq;

class Program
{
    static void Main(string[] args)
    {
        int? sum = 0;
        var doc = XDocument.Parse("<root><a>1</a><a>2</a><a>3</a></root>");
        foreach(var element in doc.Descendants("a"))
        {
            var val = (int?)element;
            if(val != null)
            {
                Console.WriteLine(val);
                sum += val;
            }
        }
        Console.WriteLine("합계 {0}", sum);
    }
}
```

천사양 　XElement 클래스를 Nullable<T>로 변환할 수 있어.

래머군 　그게 무슨 의미야?

천사양   int?[1]로 직접 변환할 수 있다는 말이야. int?는 null이 될 수 있는 정수형이므로 당연히 덧셈과 같은 계산을 할 수 있어.

래머군   TryParse는?

천사양   필요 없어. 직접 int?형 수치로 추출할 수 있기 때문에 더는 변환하지 않아도 돼.

결말

래머군   TryParse 메서드만 짧게 고치려다 보니 다른 방법은 미처 생각하지 못했네. TryParse 메서드가 필요 없을 수도 있다니.

천사양   LINQ to XML 편리하지?

래머군   응.

악마씨   나도 천사양에게 편리한 존재가 되고 싶어.

천사양   그렇다면 당신도 Nullable⟨T⟩로 변환 가능한 존재가 되도록 해.

악마씨   무슨 뜻이야? 근데 대체 T는 뭐야?

천사양   T는 TENSHI(천사의 일본어 발음)의 T야. 즉, 빨리 악마임을 포기하고 천사가 되라는 얘기야.[2]

악마씨   내가 원하는 건 천사양이지 내가 천사가 되고 싶은 건 아니라고.

---

1   데이터 형에 '?' 기호가 붙으면 null 값도 저장할 수 있다. 예를 들어 int형 변수가 있는데 예외 때문에 int 값이 반환되지 않고 null 이 반환되었다면 당연히 오류가 발생한다. 하지만 int?형은 오류가 발생하지 않고 null이 저장된다 – 옮긴이.

2   실제로 ⟨T⟩에서 T는 형 매개변수라고 하는 것으로 임의의 형 지정이 가능하다는 것을 의미한다. Nullable⟨int⟩도 가능하고 Nullable⟨string⟩도 가능하다 – 옮긴이.

2.10
MVC에서 View에 로직을 작성하는 문제

 사건의 시작

래머군　　일반적인 처리를 하는 코드를 작성하고 있었는데 갑자기 선배한테 혼났어. MVC 구조를 지키면서 작성하래. 도대체 MVC가 뭐야?

악마씨　　MVP보다 한 단계 낮은 거야. 즉, 래머군이 MVP급 엔지니어보다 한 단계 낮은 수준이라는 말이지. 쯧쯧.

천사양　　**MVC는 모델**(Model), **뷰**(View), **컨트롤러**(Controller)**의 약자야**. 프로그램을 세 가지 구조로 나누는 일종의 설계 패턴이야.

래머군　　모델, 뷰, 컨트롤러는 각각 무슨 차인데?

악마씨　　모델은 천사양처럼 스타일이 좋은 사람이야. 뷰는 바람처럼 붕~하고 날아가는 모양이고. 컨트롤러는 기계를 조작하는 리모컨이야.

천사양　　다 틀렸어!

 래머군의 요청

래머군　　지금 처한 상황은 다음과 같아.

- ASP.NET MVC로 개발하고 있다.

- 코드는 View 디렉터리 내의 CSHTML 파일과 Model 디렉터리 내의 CS 파일, Controller 디렉터리 내의 CS 파일로 구성된다. CSHTML 파일은 C# 코드를 포함할 수 있기 때문에 세 가지 파일 모두 C# 코드로 작성할 수 있다.

- View 디렉터리 내의 CSHTML 파일에 상품 가격을 수정하는 코드를 넣었다가 혼났다.

- 무엇이 잘못됐나?

- 어디에 작성해야 하나?

 ## 악마씨의 답

악마씨 🦹 프로그램이 돌아가기만 하면 돼. MVC 같은 거는 100% 쓸데없는 거야. 뭐라고 하는 선배에게 가서 한마디 해. 코드는 아무 데나 작성해도 된다고.

래머군 🙂 MVC가 쓸데없는 거라면 이렇게 다양한 곳에서 사용되고 있지 않을 거야.

악마씨 🦹 괜찮아. 앗, 뭐지? 갑자기 등이 간지러워!

천사양 👼 코드는 아무 곳이나 작성해도 된다며? 그래서 당신 티셔츠 뒤에다가 흰색 매직으로 코드를 작성하고 있는 거야.

악마씨 🦹 그만둬! 내가 정말 아끼는 새까만 티셔츠란 말이야.

천사양 👼 `using system` 세미콜론, 그리고 다음이 뭐더라….

악마씨 🦹 안 돼~!

 ## 천사양의 답

천사양 👼 일반적으로 MVC는 이렇게 역할을 분담해.

- 모델 : 애플리케이션 데이터, 비즈니스 규칙, 로직

- 뷰 : 시각적 표현

- 컨트롤러 : 입력이나 모델, 뷰 제어

래머군 🙂 뷰는 데이터 수정이 아니라 어떤 표시를 할 때 사용하는 거구나.

천사양 👼 그래 맞아. 데이터 수정은 모델이 해야 할 일. 그것을 화면에 표시하는 것이 뷰의 역할이야.

래머군 　그럼 컨트롤러는?

천사양 　사용자 입력이야. '이 데이터를 수정해'라는 명령을 받는 것이 컨트롤러지.

래머군 　알겠어. 입력을 받는 것까지가 컨트롤러의 역할이고 데이터 갱신 자체는 모델이 담당하는 거지?

천사양 　응. 따라서 상품 가격을 수정하는 처리도 컨트롤러나 뷰가 아닌 모델에서 해야 해.

 ## 결말

악마씨 　하지만 MVC는 단순히 정해 놓은 약속에 불과한 거잖아. 약속을 깨도 동작은 하잖아.

천사양 　맞아.

악마씨 　그러면 깨자고! 그게 더 편하단 말이야.

천사양 　그건 안 돼. 다른 사람이 코드를 읽을 때 당황할 수 있거든.

래머군 　당황한다고?

천사양 　MVC를 전제로 한 기술을 사용하고 있다면 일단 애플리케이션 코드도 MVC를 따라서 작성했다고 생각할 거야. 그렇게 생각한 사람이 가격 데이터를 변경하는 코드를 찾는다고 생각해봐. 당연히 먼저 모델을 보겠지.

래머군 　무슨 얘긴지 알겠어. 가격을 표시하는 코드를 보고 싶다면 뷰를 봐야 한다는 거지?

천사양 　상식이라고 생각되는 전제 조건이 있기 때문에 마음대로 MVC 구조를 바꿔서 코드를 작성하면 안 돼.

악마씨 　그러면 나만 보는 비밀 코드가 있다면 아무렇게나 작성해도 괜찮은 거야?

천사양 　악마씨가 그 코드를 수정할 때도 아무렇게나 작성한 코드 구조를 기억하고 있다면.

2.11

루프와 로직이 섞여 있을 때

사건의 시작

래머군   어떤 코드를 받아서 수정했는데 생각한 대로 동작하지 않아. if문만 하나 추가 했을 뿐인데 왜 이럴까?

악마씨   프로그래밍 역사에 if가 없었기 때문이야.

천사양   자신이 무슨 말 하는지 그 뜻은 알고 하는 얘기야?

악마씨   나도 알고 있다고. 역사 게임을 프로그래밍할 때는 조건 판단에 switch문을 사 용하라는 의미잖아.[1]

래머군   역시 악마씨는 여기까지야.

래머군의 요청

래머군   이게 내가 받은 코드야.

```
using System;

class Program
{
```

---

1   초기 프로그래밍 언어에는 if문이 없었다는 악마씨의 얘기는 사실 맞는 말이다. 천사양은 그걸 악마씨가 알고 있는 게 신기해서 물 어봤는데 악마씨는 동문서답을 하고 있는 상황이나 – 옮긴이.

```
    static void Main(string[] args)
    {
        int[] ar = { 5, 2, -1, 1, 4 };
        int sum = ar[0];
        for(int i = 1; i < ar.Length; i++)
        {
            sum += ar[i];
            Console.WriteLine("{0}번째 처리. 현재 합계{1}", i, sum);
        }
        Console.WriteLine("결과:{0}", sum);
    }
}
```

래머군 🙂 실행 결과는 다음과 같아.

실행 결과

```
1번째 처리. 현재 합계 7
2번째 처리. 현재 합계 6
3번째 처리. 현재 합계 7
4번째 처리. 현재 합계 11
결과:11
```

래머군 🙂 하지만 수를 합산하는 과정에서 값이 줄어드는 것이 이상하다고 지적을 받았
어. 그래서 음수를 제외하도록 수정했어.

```
using System;

class Program
{
    static void Main(string[] args)
    {
        int[] ar = { 5, 2, -1, 1, 4 };
        int sum = ar[0];
        for(int i = 1; i < ar.Length; i++)
        {
            if(ar[i] < 0) continue;
            sum += ar[i];
            Console.WriteLine("{0}번째 처리. 현재 합계 {1}", i, sum);
```

```
            }
            Console.WriteLine("결과:{0}", sum);
    }
}
```

래머군 결과는 다음과 같아.

실행 결과

```
1번째 처리. 현재 합계 7
3번째 처리. 현재 합계 8
4번째 처리. 현재 합계 12
결과:12
```

래머군 계산이 총 3회 이루어지기 때문에 1번째 처리부터 3번째 처리까지 출력돼야 하는데, 2번째 처리를 건너뛰고 4번째 처리가 출력되고 있어. 어떻게 해야 하지?

- 잘못된 이유는 무엇인가?

- 어떻게 수정해야 1번부터 3번까지 출력되는가?

- 재발 방지책은 있는가?

악마씨의 답

```
using System;

class Program
{
    static void Main(string[] args)
    {
        int[] ar = { 5, 2, -1, 1, 4 };
        int sum = ar[0];
        int count = 1;
        for(int i = 1; i < ar.Length; i++)
        {
                if(ar[i] < 0) continue;
```

```
                sum += ar[i];
                Console.WriteLine("{0}번째 처리. 현재 합계 {1}", count++, sum);
        }
        Console.WriteLine("결과:{0}", sum);
    }
}
```

실행 결과

```
1번째 처리. 현재 합계 7
2번째 처리. 현재 합계 8
3번째 처리. 현재 합계 12
결과:12
```

악마씨   이렇게 하면 원하는 대로 동작할 거야.

래머군   원인은 뭐였어?

악마씨   변수 i는 사용 여부와 상관없이 카운트되기 때문에 계산 횟수가 달라질 수 있어. 따라서 계산 횟수를 세는 전용 변수 count를 만들었어.

래머군   그러면 재발 방지책은?

악마씨   주의해서 작성하기!

래머군   주의해서 작성했는데 버그가 발생한 거야.

악마씨   그러면 내가 제시한 방법은 또 안 된다는 얘기야?

 천사양의 답

```
using System;
using System.Linq;

class Program
{
    static void Main(string[] args)
    {
```

```
        int[] ar = { 5, 2, -1, 1, 4 };
        // 음수를 제외한다
        int[] arWithoutMinus = ar.Where(c => c >= 0).ToArray();
        // 합산하다
        Console.WriteLine("결과:{0}", arWithoutMinus.Select((n, i) =>
                            new Tuple<int, int>(n, i)).Aggregate((sum, next) =>
        {
            var r = sum.Item1 + next.Item1;
            Console.WriteLine("{0}번째 처리. 현재 합계 {1}", next.Item2, r);
            return new Tuple<int, int>(r, next.Item2);
        }).Item1);
    }
}
```

실행 결과

```
1번째 처리. 현재 합계 7
2번째 처리. 현재 합계 8
3번째 처리. 현재 합계 12
결과:12
```

천사양 🙂 이렇게 하면 원하는 대로 동작할 거야.

래머군 🙂 그러면 원인은 악마씨가 말한 게 맞아?

천사양 🙂 악마씨의 분석도 틀리진 않았지만, 100% 정답이라 할 수는 없어. 이 프로그램
의 문제는 로직과 루프가 혼연일체라는 거야. 반복해서 처리해야 할 데이터는 3개
인데, 4회 반복하고 있어. 데이터가 4개고 4회 반복한다면 제대로 동작하는 것처럼
보일 수도 있지만, 데이터 수와 반복 횟수가 달라지면 모순이 발생할 수 있어.

래머군 🙂 어떻게 수정해야 할까?

천사양 🙂 음수를 제외하는 로직과 합계를 계산하는 처리를 분리하면 돼.

래머군 🙂 귀찮은데.

천사양 🙂 **LINQ를 사용하면 간단해.** 이 예에서는 음수를 제외한 새로운 배열을 만드는
코드 한 줄만 있으면 돼.

래머군 🙂 우와, 정말 한 줄이면 돼?

천사양   그래. 참고로 중간 과정을 일일이 출력할 필요가 없다면 더 짧게 작성할 수도 있어.

```
using System;
using System.Linq;

class Program
{
    static void Main(string[] args)
    {
        int[] ar = {5, 2, -1, 1, 4};
        // 음수를 제외한다
        int[] arWithoutMinus = ar.Where(c => c >= 0).ToArray();
        // 합산한다
        Console.WriteLine("결과:{0}", arWithoutMinus.Sum());
    }
}
```

래머군   우와, 더 짧아졌어. 어떻게 한 거야?

천사양   합계를 낼 때 Aggregate 메서드로 하나씩 계산하던 것을 Sum 메서드를 사용해서 한 번에 합산했지.

래머군   둘 다 LINQ 메서드네.

천사양   **LINQ를 사용해서 가급적 루프 없이 처리하는 게 중요해.**

래머군   그러면 재발 방지책은?

천사양   **로직과 루프를 가능한 한 분리할 것** 그리고 **변수로 카운트하지 말고 LINQ 메서드로 자동 생성할 것** 이 두 가지만 기억해.

래머군   자동 생성은 어떤 의미야?

천사양   이 예에서 사용하고 있는 Select 메서드는 자동으로 숫자를 오름차순으로 정렬해줘. 이 메서드를 사용하면 항상 데이터와 연동한 카운트 값을 얻을 수 있어.

천사양   LINQ를 사용하지 않고 **for문이나 while문으로 루프를 돌리면 로직과 루프가 넝킬 수 있어.** 루프 카운트와 계산 로직은 시도 쓰임이 덜리시 힘께 사용이면 비그가 발생하기 쉽거든.

래머군   루프 반복 횟수와 계산 로직이 실행되는 횟수는 반드시 일치하지 않을 수도 있다는 말이지?

악마씨   내 말이 그 말이야. LINQ를 사용하라고. 로직과 루프를 분리해. 더는 루프 구문을 사용하지 마. do, for, foreach, while 모두 금지야.

천사양   보통 LINQ 데이터를 하나씩 꺼내서 사용하려면 foreach문을 사용해야 해.

악마씨   뭐라?

2.12

필요 없는 리소스 사용

 사건의 시작

래머군 정수 컬렉션 값 중에서 처음 100건의 값으로만 평균을 구하는 메서드를 작성했는데 혼났어. 왜지?

악마씨 래머군의 머리가 평균 이하라서 그렇지. 더 노력해. 결괏값이 틀린 거야.

래머군 결과는 맞아.

천사양 프로그램을 보여줘.

 래머군의 요청

래머군 이게 문제의 프로그램이야.

```csharp
using System;
using System.Linq;

class Program
{
    private static double calc100Average(int[] array)
    {
        return array.Take(100).Average();
    }

    static void Main(string[] args)
```

```
    {
        int[] ar = Enumerable.Range(0, 10000).ToArray();
        Console.WriteLine(calc100Average(ar));
    }
}
```

래머군 다음과 같은 의문 사항들을 해결하고 싶어.

- calc100Average 메서드 자체에 문제가 있나?

- 문제가 있다면 어떤 문제인가?

- 어떻게 개선할 수 있는가?

악마씨의 답

악마씨 래머군, 잘 기억해봐. 선배가 뭐라고 혼냈어?

래머군 int[] 이외의 값은 어떻게 처리할 거냐고. 또 다른 것도 지적했는데….

악마씨 알겠다! List<int>를 인수에 전달하고 싶을 때도 있을 거야.

```
using System;
using System.Collections.Generic;
using System.Linq;

class Program
{
    private static double calc100Average(int[] array)
    {
        return array.Take(100).Average();
    }
    private static double calc100Average(List<int> array)
    {
        return array.Take(100).Average();
    }

    static void Main(string[] args)
```

```
    {
        // 배열인 경우
        int[] ar = Enumerable.Range(0, 10000).ToArray();
        Console.WriteLine(calc100Average(ar));
        // 리스트인 경우
        List<int> li = Enumerable.Range(0, 10000).ToList();
        Console.WriteLine(calc100Average(li));
    }
}
```

악마씨 이제 인수에 int[]는 물론 List<int>도 전달할 수 있어. 에헴.

래머군 다른 문제도 있었던 것 같은데….

천사양의 답

```
using System;
using System.Collections.Generic;
using System.Linq;

class Program
{
    private static double calc100Average(IEnumerable<int> array)
    {
        return array.Take(100).Average();
    }

    static void Main(string[] args)
    {
        var en = Enumerable.Range(0, 10000);
        Console.WriteLine(calc100Average(en));
    }
}
```

천사양 래머군이 선배에게 지적을 받은 이유는 다음 두 가지 문제 때문일 거야.

- int[] 이외의 인수가 전달되면 어떻게 처리할 것인가?

- 불필요한 리소스를 많이 사용하고 있다.

래머군 맞아. 어떻게 알았어? 천사양은 초능력자인 게 분명해.

천사양 난 천사야.

악마씨 자신을 미소녀라고 부르는 철면피 여자로군.

천사양 (퍽!)

악마씨 아파, 때리지마.

래머군 천사양, 어디를 개선해야 이 두 가지 문제를 해결할 수 있을까?

천사양 **인수의 형을 int[]에서 IEnumerable<int>로 바꾸면 돼.**

래머군 잠깐만. 배열과 리스트 모두 전달하고 싶다면?

천사양 괜찮아. **배열과 리스트 모두 이 인터페이스를 사용하기 때문에 전달할 수 있어.**

래머군 그러면 이 방식은 리소스를 불필요하게 낭비하는 것 아냐?

천사양 맞아. 이 메서드는 처음 100건의 데이터만 있으면 되는데 래머군의 코드는 전체 데이터 배열을 요구했었어. 계산을 하는 데는 100건만 있으면 되기 때문에 전체 데이터를 읽어 들일 필요가 없는 거지.

래머군 메모리를 불필요하게 많이 사용한 거였구나.

천사양 사용하지도 않는 요소의 초깃값까지 설정하므로 CPU도 낭비되는 거야.

래머군 알겠어. **종류에 상관없이 컬렉션을 다루는 메서드는 배열보다 IEnumerable<T>를 사용하는 것이 좋다**는 얘기지?

결말

악마씨 하지만 지금은 메모리를 몇 기가 아니 수십 기가까지 사용하는 시대야. CPU도 계속 성능이 좋아지고 있고. 낭비해도 괜찮은 거 아니야?

226

천사양 🧚 하지만 요즘 나온 PC나 스마트폰은 오히려 체감 속도가 떨어져.

래머군 🙂 왜?

천사양 🧚 PC는 보안 소프트웨어나 여러 가지 기능의 소프트웨어들이 워낙 많이 깔리다 보니 점점 느려지고, 스마트폰은 원래 메모리 자체가 느릴 뿐 아니라 CPU 성능도 좋지 않거든.

악마씨 👹 그러면 어떻게 하라는 얘기야?

천사양 🧚 자원이 낭비되지 않도록 하는 거지. 그리고 알고리즘을 개선해서 프로그램이 더 가볍고 빠르게 동작하도록 만들어야 돼.

악마씨 👹 1970년대 부활했던 우리 할아버지가 말했던 거랑 똑같아.

래머군 🙂 역사는 반복되는 거잖아.

쉬어가는 시간

누가 가장 나쁜가?

천사양 🧚 알파벳 소문자 26자를 번호로 호출하고 싶은데 어떻게 해야 할까?

악마씨 👹 0이면 a, 1이면 b 이런 식으로?

천사양 🧚 응. 그래서 다음 메서드들이 제안됐어. 어떤 메서드가 최선일까?

```
static void a(int x)
{
    var alpha = "abcdefghjijklmnopqrstuvwxyz";
    Console.WriteLine(alpha[x]);
}
static void b(int x)
{
    Console.WriteLine((char)(x+'a'));
}
static void c(int x)
{
    var alpha = Enumerable.Range('a',26).Select(c=>(char)c).ToArray();
```

```
        Console.WriteLine(alpha[x]);
    }
    static void d(int x)
    {
        var table = new Tuple<int,char>[]
        {
            new Tuple<int,char>(0,'a'),
            new Tuple<int,char>(1,'b'),
            new Tuple<int,char>(2,'c'),
            new Tuple<int,char>(3,'d'),
            // 이하 'z'까지 계속됨
        };
        Console.WriteLine(table.First(c=>c.Item1 == x).Item2);
    }
```

천사양 　각 메서드의 단점을 생각해봐.

악마씨 　a는 문자열에 문자를 하나라도 더 추가하면 숫자와의 연관성이 망가지기 때문에 안 돼. b는 무엇을 하고 있는지 모르겠어. c는 select 메서드로 불필요한 형변환을 하고. d는 너무 길고. 싹 다 고쳐야 해.

래머군 　나도 악마씨와 같은 생각이야. a는 문자 추가나 삭제에 약하고 b는 너무 어려워서 잘 모르겠어. c는 수치와 문자 관계를 파악하기가 어렵고. 그렇다면 d가 남는데 3과 'd'가 연관돼 있다는 것을 바로 알 수 있어서 좋은 것 같아.

천사양 　그렇다면 d를 채택하는 거야?

래머군 　다른 것보다는 그나마 낫다고 생각해.

천사양 　그러면 정답을 발표할게.

악마씨 　정답 없지? 모두 잘못된 요령이지?

천사양 　악마씨의 대답은 반만 맞아.

악마씨 　잉, 전부 맞은 거 아냐?

천사양 이 예에서는 모든 메서드가 잘못된 요령을 조금씩 사용하고 있어. 하지만 일반적으로 100% 잘못된 요령을 피하기는 어려워.

래머군 왜 그런 거야?

천사양 코드가 길면 가독성이 떨어지기 마련이야. 하지만 어려운 기술을 사용해서 짧게 작성해도 가독성이 떨어지는 건 마찬가지거든.

래머군 그러면 어떻게 해야 해?

천사양 이해할 수 있는 문제와 이해할 수 없는 문제를 나누는 거지. 따라서 이해할 수 없는 문제는 조금씩 회피하면서 이해할 수 있는 문제에 더욱 집중해서 사용 방법을 결정하는 거야.

악마씨 천사양 개인적으로는 어떤 방법을 선택할 건데?

천사양 나라면 b를 고르겠어.

래머군 이유는?

천사양 유니코드의 문자 코드표를 알고 있다면 그렇게 어려운 기술도 아니고 길이도 짧아서 매력적이야. 해석하는데 시간이 많이 걸리지도 않고.

악마씨 문자 코드표를 모르는 사람이라면?

천사양 그때는 개인마다 득실을 고려해서 선택하는 것이 좋아.

2.13

자바여 편히 잠들라

 사건의 시작

래머군 　외주 업체에서 작성해준 코드가 좀 이상해. 너무 장황해서 읽기도 쉽지 않고.

악마씨 　외주 의뢰를 한 래머군의 잘못이야. 다른 사람에게 부탁하지 말고 스스로 작성해.

래머군 　하지만 다른 일이 너무 많아서 여유가 없었어.

천사양 　어쨌든 코드를 보여줘 봐. 뭔가 방법이 있겠지.

 래머군의 요청

```
using System;
using System.Collections.Generic;
using System.Linq;

namespace csharp.com.mycompany
{
    class Program
    {
        interface CalcInterface
        {
            int Calc(int x, int y);
        }
```

```
    class CalcClass : CalcInterface
    {
        public int Calc(int x, int y)
        {
            return x + y / 2;
        }
    }
    private static void doCalc(CalcInterface calc)
    {
        Console.WriteLine(calc.Calc(2, 6));
    }

    static void Main(string[] args)
    {
        CalcInterface calc = new CalcClass();
        doCalc(calc);
    }
  }
}
```

래머군 😀 실행 결과는 다음과 같아.

실행 결과

```
5
```

래머군 😀 다음 내용을 잘 모르겠어.

- 이렇게 간단한 결과를 얻기 위해 너무 긴 코드를 사용하고 있다. 이상한 방식도 많다.

- 네임스페이스에 일일이 회사명이나 csharp 같이 이상한 키워드를 사용한다. com이 들어가면서 전혀 의미를 모르는 형태가 됐다.

- 상식 밖의 방식으로 작성하고 있어서 과연 수정하는 게 좋은 건지 모르겠다.

- 일반적인 C# 프로그래밍 방식으로 수정해도 되는가?

- 그렇다면 어떻게 수정해야 하는가?

악마씨   이건 수정하지 않는 게 좋아.

래머군   왜?

악마씨   의미가 불분명하다는 것은 이 코드가 주문이라는 뜻이야. 이건 분명 이교도들이 악마를 부를 때 사용하는 주문임이 틀림없어. 의미도 모르는데 수정해 버리면 어렵게 만든 주술이 사라져 버려. 게다가 주술이 사라졌다고 악마가 화를 내면서 너를 공격할 수도 있다고.

래머군   진짜?

악마씨   정말로 있었던 일이야. 옛날에 수소 폭탄 실험으로 고질라라는 괴물이 부활했어. 군함이 그 녀석을 물리쳤지만 다른 놈이 또 있을 수도 있어.

천사양   이상한 소리 하지 말고 열심히 코드나 작성해.

악마씨   아야. 때리지마.

래머군   악마씨라면 코드를 어떻게 정리할 거야?

```
using System;

class Program
{
    private static int calc(int x, int y)
    {
        return x + y / 2;
    }

    static void Main(string[] args)
    {
        Console.WriteLine(calc(2, 6));
    }
}
```

악마씨   이렇게 하면 되지 않아?

천사양   안 돼. 계산식을 동적으로 변환할 수 있는 기능이 반영되지 않았잖아. 이렇게 하면 식이 항상 고정돼.

천사양 어디까지 정리해야 좋을지 모르겠지만, 네임스페이스 설정은 유지하고 계산식은 동적으로 변경할 수 있도록 해야 한다는 두 가지 방침을 기준으로 수정해 보면 다음과 같아.

```csharp
using System;

namespace ForCalcExample
{
    class Program
    {
        delegate int Calc(int x, int y);
        private static void doCalc(Calc calc)
        {
            Console.WriteLine(calc(2, 6));
        }

        static void Main(string[] args)
        {
            doCalc((x, y) => x + y / 2);
        }
    }
}
```

래머군 이게 최소한으로 수정한 거야?

천사양 만약 이 정도의 프로그램에는 네임스페이스가 필요 없고, delegate int Calc(int x, int y);는 Func<int, int, int>로 교체해도 된다면 더 짧게 만들 수도 있어.

```csharp
using System;

class Program
{
    private static void doCalc(Func<int, int, int> calc)
    {
        Console.WriteLine(calc(2, 6));
    }
```

```
static void Main(string[] args)
{
    doCalc((x, y) => x + y / 2);
}
}
```

래머군 😊 이렇게 간단하게 만들어도 괜찮은 거야?

천사양 😇 응, 문제없어.

래머군 😊 어떤 사람이 뭔가 특별한 방향성을 가지고 작성한 건 건드리지 않는 게 좋은 거 아냐?

천사양 😇 특별한 방향성이라고 해도 C#에서는 의미가 없기 때문에 수정하는 게 좋아.

래머군 😊 근데 외주에서 작성한 코드의 특별한 방향성은 뭘까?

천사양 😇 자바야. namespace csharp.com.mycompany를 보고 바로 알았지. 자바에서는 네임스페이스를 도메인 명의 역순으로 작성하거든. 다시 말해 원래는 mycompany. com.csharp이라는 도메인 명이 있다고 가정하고 작성한 거야. 실제로 있지는 않을 걸. 어디까지나 식별을 위한 이름이기 때문에 없어도 상관없어.

래머군 😊 왜 도메인 명을 사용하는 거야?

천사양 😇 전 세계에 하나밖에 없는 네임스페이스를 만들기 위해서야.

래머군 😊 왜 그렇게 하는 건데?

천사양 😇 모든 클래스는 재사용할 수 있다고 생각하기 때문이지. 아무 관련도 없는 프로그램에서 클래스를 가져 와서 사용하려고 하면 이름이 충돌할 수 있잖아.

래머군 😊 하지만 C#에 이런 네임스페이스 명명 규칙이 있다는 건 들어 본 적이 없어.

천사양 😇 맞아. 대부분의 경우 **클래스 재사용은 그림의 떡이야.** 외부 프로그램을 생각해서 이름을 분리하는 것은 거의 의미가 없고, **설령 이름이 충돌한다고 해도 어셈블리 단위로 구분해서 사용하는 방법이 있기 때문에 문제가 없어.**

래머군 😊 C#과 자바는 방향성이 다른 거네?

천사양 😇 그래 맞아. 비슷한 부분이 있어서 서로 닮았다고 생각할 수 있지만, 사실은 다른 섬이 더 많아.

래머군　예를 들면?

천사양　지금까지 자바에는 위임에 해당하는 기능이 없었어. 대신에 익명의 내부 클래스(inner class)라는 것을 사용하고 있지. 그래서 위임을 사용해야 할 곳에 내부 클래스를 정의해버리는 거야. 하지만 C#에는 내부 클래스가 필요 없어. 클래스 공통 인터페이스를 위한 인터페이스 정의도 필요 없고. 메서드가 하나밖에 없다면 위임을 사용하는 것이 C#의 방식이야.

래머군　결국 뭐가 문제란 얘기야?

천사양　자바 프로그래머는 세상의 중심에 자바가 있고 C# 같은 언어는 자바를 흉내 내서 만들어진 언어라고 생각하지만, 사실 C#은 자바보다 역사도 길고 전혀 다른 방향으로 만들어진 언어야.

래머군　방향이 다르면 어떻게 되는데?

천사양　**자신이 알고 있는 방식으로 프로그램을 작성하려고 하면 이상하고 장황한 코드가 돼버려.** 하지만 자바 방식으로 작성하지 않은 C#은 질이 떨어진다고 생각하는 사람이 있어. 그런 사람들이 C#을 혹평하지만 사실 대부분 언어는 자바처럼 작성하지 않아. 애당초 방향이 달라. C#만 자바랑 다른 게 아니야.

악마씨　그러면 자바처럼 작성된 C# 코드는 잘못됐다는 거야?

천사양　특별히 자바만의 얘기를 하는 게 아니야. C++처럼 작성하거나 자바스크립트, 오브젝티브 C(Objective-C)처럼 작성하는 것도 잘못된 거야.

래머군　그러면 어떻게 해야 해?

천사양　무슨 무슨 언어의 전문가지만 C#도 할 수 있습니다 하고 자기소개를 하는 사람이 있다면 주의해야 해. 정말로 C#다운 코드를 작성하는지 사전에 확인해야 해. C#과 거리가 먼 방식으로 작성된 코드는 유지 보수가 어려워 나중에 고생할 수 있거든.

래머군　자바만 문제는 아니라는 얘기네.

천사양　맞아. 자바 개발자는 C#은 자바에서 만들어진 거라 쉽게 사용할 수 있다고 착각하고 접근하기 때문에 문제가 생기기 쉬워. 자바뿐만 아니라 어떤 언어에서든 발생할 수 있는 문제라고 생각하는 것이 좋아. 물론 자바뿐만 아니라 개성이 강하거나 독자적인 방식을 관철하는 프로그램 언어들은 모두 주의가 필요하지.

래머군   시간을 절약하려고 외주 의뢰를 했는데 결국 검수에 손이 많이 가서 오히려 시간이 더 걸렸어.

악마씨   다른 사람 탓할 것 없어. 편한 것만 고집하면 안 돼. 고생해야지. 일단 오늘은 야근해야 될 것 같은데? 함께 새벽을 기다리며 커피 한 잔 하자고.

래머군   싫어! 집에 갈 거야. 따뜻한 욕조에서 쉰 다음 푹 잘래.

천사양   프로그래머에게 휴식은 매우 중요해. 충분히 쉬지 않으면 버그 발생의 온상이 될 수 있어. 밤샘 작업은 정말 방법이 없을 때만 해야 하는 거야.

래머군   역시 천사양밖에 없어.

천사양   욕조에서 피로를 풀다가 종종 버그의 원인이 생각나기도 하지.

악마씨   나도 정말 어려운 버그가 하나 있어. 천사양, 버그 수정한다 생각하고 같이 목욕하자. 그리고 함께 새벽을 맞이하면서 커피 한 잔 하자고. 호텔에서.

천사양   (퍽!)

3장

The C# Best Know-how

개발 환경 문제

3.1

GAC에 얽힌 오해

 사건의 시작

래머군 GAC가 뭐야?

악마씨 GAG야. 개그. 웃기는 거. 우하하하.

천사양 GAG가 아니라 GAC야. 글로벌 어셈블리 캐시(Global Assembly Cache).[1]

악마씨 개그가 아니었어? 그런 건 써본 적 없는데.

천사양 사용해 봤을걸. 닷넷 프레임워크 클래스를 사용했다면 대부분은 GAC에 포함된 거야.

악마씨 진짜?

래머군 하하하. 알지도 못한 채 사용하고 있었다니. 악마씨는 개그맨이야.

 래머군의 요청

래머군 GAC 관련해서 몇 가지 궁금한 점이 있어.

- 현재 우리 팀은 3개의 DLL과 하나의 EXE 파일로 구성된 프로그램을 개발 중이다.

- 별명이 GAC 아저씨인 기술자가 개발 지원을 위해 투입됐다.

---

1 GAC는 한 장치(PC)에 있는 공용 저장소로 여기에 등록된 어셈블리는 해당 장치에 설치된 모든 애플리케이션이 접근할 수 있다. 참고로 GAC에 등록된 어셈블리를 확인하고 싶다면 윈도 실행 창에서 assembly라고 입력하면 된다-옮긴이.

- GAC 아저씨가 프로젝트 설정을 보더니 DLL이 있어서 GAC에 등록해야 한다고 했다. 그래서 개발이 일시 중지됐다.

- GAC 아저씨의 주장이 옳은가? DLL은 GAC에 등록해야 하는가?

악마씨의 답

악마씨   아까 한 말은 농담이야. 나도 GAC가 뭔지 잘 알고 있다고. windows 디렉터리 내에 있는 %windir%\Microsoft.NET\assembly나 %windir%\assembly를 말하는 거지? 거기에 DLL들이 저장돼 있어.

래머군   그래 바로 그거야.

악마씨   그러면 내 의견을 말해볼게. GAC 아저씨 말이 맞아. GAC에 등록한 모듈은 강력한 이름[2]이라서 보안성이 좋아. GAC에 비하면 일반 모듈은 보안성이 약하지.

래머군   강력한 이름은 GAC에 넣지 않는 DLL에도 설정할 수 있어.

악마씨   하지만 GAC는 필수야. 게다가 폴더 자체가 특별하니까 보안성도 좋고.

래머군   그런가?

악마씨   그리고 버전 차이도 엄격하게 판별할 수 있어. 버전이 다양한 DLL이 함께 있을 때 유리하지.

천사양의 답

천사양   **GAC는 여러 애플리케이션이 라이브러리를 공유할 때만 사용하는 것이 좋아.** 닷넷 프레임워크의 DLL은 모든 애플리케이션이 공유하기 때문에 GAC에 넣는 것이 의미가 있어. 래머군의 프로젝트에서 사용하는 DLL은 다른 애플리케이션에서도 사용되는 거야?

---

2   강력한 이름(strong name)은 어셈블리명, 버전 번호, 공개키의 조합으로 만들어지며 보안성과 고유성이 있다. GAC에 등록하려면 강력한 이름을 사용해야 한다 – 옮긴이.

래머군 🤕 아니, 그렇지 않아.

천사양 👼 그렇다면 GAC에 넣지 않는 것이 좋아. DLL에 강력한 이름을 붙이려면 전자 서명과 같은 여러 가지 번거로운 작업이 필요한데, 그에 비해 효과는 매우 제한적이 거든.

래머군 🤕 결국 뭐가 문제인 거야?

천사양 👼 기술 정보를 통해 GAC를 알면 등록 방법도 나와 있고 심지어 설치 시에 자동으로 GAC를 등록해주기도 해. 그러다 보니 **반드시 등록해야 한다**고 오해할 수 있어. 하지만 그건 어디까지나 **여러 애플리케이션이 모듈을 공유할 때만** 해당하는 내용이야.

래머군 🤕 그러면 언제 GAC를 사용할지는 어떻게 판단해?

천사양 👼 예를 들면 다음과 같은 경우야.

- GAC가 필요 없는 경우 : 유지 관리를 편하게 하기 위해 프로그램 기능의 일부를 DLL로 분할했다.

- GAC가 필요한 경우 : 여러 애플리케이션에 강력한 그래프 작성 기능을 추가하기 위해 향상된 버전의 그래프 컨트롤을 만들었다.

래머군 🤕 알았어. 첫 번째 예는 다른 프로그램에서 사용할 가능성이 낮기 때문에 GAC에 넣지 않아도 된다는 거구나.

천사양 👼 맞아. 만약 나중에 다른 프로그램에서도 사용하게 되면 그때 가서 생각해도 늦지 않아.

3.2

The C# Best Know-how

Ngen 의존 증후군

사건의 시작

래머군 새로운 시스템을 구축해서 완성한 것까지는 좋은데 속도가 너무 느려. 이전 시스템 데이터를 가져와야 해서 서둘러 변환 프로그램을 만들었거든. 선배한테 C# 때문에 느린 거라고 혼났어. 가상 머신은 느리다면서 원시 코드를 생성하는 컴파일러를 사용하래.

악마씨 선배가 맞는 말 했네. 고급 언어는 성능이 떨어지니까 기계어를 사용해. 16진수로 프로그램을 작성하는 거야.

천사양 난 악마씨가 16진수로 프로그램 작성하는 걸 한 번도 본 적이 없는데?

악마씨 들켰나?

래머군의 요청

래머군 다음 내용을 아직 모르겠어.

- C#은 가상 머신을 사용하기 때문에 느리다는데 정말인가?

- C++를 공부하지 않으면 원시 코드 세계로 들어갈 수 없는가?

악마씨의 답

악마씨 Ngen을 사용해.

래머군 Ngen이 뭐야?

악마씨 그런 것도 몰라? 자네가 컴파일하면 IL(Intermediate Language)이라는 중간 언어가 생성돼. 보통은 실행 시에 이 IL을 원시 코드로 바꾸기 때문에 실행 속도가 느려지는 거야. 그래서 미리 IL을 원시 코드로 바꿔버리는 프로그램이 바로 Ngen. exe(네이티브 이미지 생성기)야.

래머군 Ngen을 사용하면 원시 코드 실행 파일이 만들어지는 거야?

악마씨 맞아. 이걸 사용하면 아무도 널 무시하지 못할 거야.

천사양 잠깐만. Ngen을 사용한다고 해서 실행 파일이 바뀌는 게 아니야.

악마씨 그러면 뭐가 바뀌는데?

천사양의 답

천사양 가상 머신도 여러 가지 종류가 있어. 실제로 존재하지 않는 머신을 에뮬레이션 하면 오버헤드가 발생해서 느려지는 것은 사실이야. 하지만 JIT(Just-In-Time) 컴 파일러를 사용해서 실행 시에 원시 코드로 변환하는 방법도 있어. C#이 사용하는 닷넷 프레임워크는 이 방법을 사용하고 있고. **실행될 때는 원시 코드기 때문에 그렇 게 느리지도 않아.**

래머군 정말? 그러면 왜 C#이 느리다는 비판을 받는 거야?

천사양 그건 **실행 시점에 JIT가 컴파일할 시간이 필요**하기 때문이야. 물론 모든 코드를 컴파일해야만 실행되는 건 아니야. 필요한 코드만 필요한 시점에 컴파일하기 때문 에 **대기 시간이 길지가 않아.**

래머군 그러면 내가 아무것도 하지 않아도 이미 원시 코드를 사용하고 있기 때문에 당 당해져도 되는 거지?

천사양 그건 다른 문제야. 시점이나 속도가 중요할 때는 JIT 컴파일이나 가비지 컬렉션에 걸리는 시간 때문에 문제가 될 수 있어. 닷넷 프레임워크를 이용하는 것 자체가 바람직하지 않을 수도 있다는 말이야.

래머군 무슨 얘긴지 알겠어. 그럼 Ngen은 어때?

천사양 그건 오답이야. Ngen을 사용해도 닷넷 프레임워크를 사용해야 해.

래머군 정말?

천사양 Ngen이 해주는 것은 JIT의 준비 작업이야. 실행될 때마다 몇 번이고 실행되는 JIT 컴파일을 미리 해서 그 결과를 캐시에 저장해두는 거야. 본질적인 구조는 바뀌지 않아.

래머군 그렇다면 진정한 원시 코드 세계로 갈 수 없는 거야?

천사양 꼭 그런 건 아니야. 현재 C# 원시 코드용 컴파일러가 따로 있어(이 책 집필 시점에는 프리뷰 버전임). 100% 진정한 원시 코드 세계로 가려면 이것을 사용하면 돼. 닷넷 프레임워크에 의존하지 않기 때문에 독립된 실행 파일을 만들 수 있어.

래머군 잠깐만. 나는 닷넷 프레임워크의 편리한 라이브러리를 사용해서 프로그램을 작성하고 있어. 그걸 사용할 수 없다면 곤란한데.

천사양 괜찮아. 이용한 클래스나 메서드 단위로 하나의 원시 코드가 만들어지거든.

래머군 그렇다면… 괜찮지만. 하지만 차선책으로 Ngen을 사용해도 되는 거 아니야?

천사양 이 경우에는 특히 Ngen이 도움이 되지 않아.

래머군 정말? 왜?

천사양 **Ngen의 효과는 JIT 컴파일 준비 단계에만 국한되기 때문이야.** 사전에 컴파일해두면 몇 번이고 JIT 컴파일을 하지 않아도 되기 때문에 시간을 절약할 수 있어. 하지만 이번 건은 한 번 실행하면 끝인 변환 툴이잖아. 한 번만 실행하기 때문에 Ngen의 효과도 제한적인거지.

래머군 그렇구나.

래머군 　속도가 느렸던 진짜 이유를 찾았어! 데이터베이스에 불필요한 요청이 빈번하게 발생하는 버그가 있었기 때문이야. C# 자체가 원인이 아니었어. 불필요한 요청을 중지했더니 C#을 그대로 사용해도 **느리다는 불만**이 사라졌어.

악마씨 　뭐야. 원시 코드랑 관계없는 거였잖아.

천사양 　일반적으로 Ngen을 사용한다고 해서 빨라진다고 할 수는 없어. 원시 코드도 마찬가지야. 사용한다고 반드시 빨라지는 건 아니야.

래머군 　어째서?

천사양 　이유는 간단해. 최신 프로그램은 네트워크에 의한 통신 기능이 필수기 때문에 통신 비중이 클 때는 통신 속도가 프로그램 실행 시간에 큰 영향을 끼칠 수밖에 없어. 아무리 코드가 빠르다 해도 네트워크가 느리면 의미가 없는 거지.

래머군 　그러면 어떻게 해야 해?

천사양 　중요한 부분의 처리 시간을 줄여야지. 예를 들어 통신 시 데이터양을 줄인다든가, 한 번 전송한 데이터는 서버 측에 보관할 수 있으니 이후에는 수정된 부분만 보낸다든가.

래머군 　프로그램이 복잡해지는 거 같은데?

천사양 　그래서 읽기 쉽고 작성하기 쉬운 프로그래밍 언어를 사용하는 것이 중요해. 기계어나 16진수로 만든다는 농담은 그만두는 것이 좋아. 그걸로 1 밀리 초 단축했다고 해도 사용자는 알지도 못하거든. 하지만 통신 대기 시간이 1초가 걸린다면 사용자는 바로 느낄 수 있어.

악마씨 　옛날에는 16진수로 기계어 프로그램을 작성했어. 에니악(ENIAC) 시대에는.

천사양 　거짓말! 에니악에는 16진수 기계어 프로그램이 없어. 그건 프로그램 내장 방식이 아니거든. 그때는 단순히 케이블 연결 순서를 바꿔서 프로그래밍을 했었어.

래머군 　에니악은 1946년대 이야기던데. 천사양이랑 악마씨는 도대체 몇 살이야?

악마씨 　나는 영원한 14살이야.

천사양 　숙녀에게 나이를 묻는 건 실례야.

3.3

런타임 버전이 너무 최신일 때

사건의 시작

래머군 🙂 비주얼 스튜디오를 업데이트했더니 익숙하지 않은 닷넷 프레임워크 버전으로 업데이트됐어. 버전 X.Y.Z야. 내가 담당하는 클래스 라이브러리 설정을 버전 X.Y.Z 로 바꿔도 될까?

악마씨 😈 바꿔야지. 최신 프레임워크니까 당연히 기능도 늘어나고 버그도 줄었을 거야. 좋은 거야.

천사양 😇 잠깐만! 설정 변경을 너무 쉽게 생각하면 위험해.

래머군의 요청

래머군 🙂 다음과 같은 고민이 있어.

- 실행 파일 하나, 클래스 라이브러리 하나로 구성된 프로젝트를 개발 중이다.

- 나는 클래스 라이브러리를 담당하고 있다.

- 닷넷 프레임워크의 버전은 X.Y.Z다.

- 비주얼 스튜디오를 업데이트했더니 프로젝트 속성에 버전 X.Y.Z라는 최신판이 생겼다.

- 최신 버전인 X.Y.Z로 바꾸는 것이 나은가? 바꾸지 않는 것이 나은가?

악마씨 　바꿔야 해. 새로운 프레임워크는 기능도 많고 버그도 줄었을 거야. 실행 속도도 빠를 걸? 어쨌든 여러 가지가 개선돼 있을 테니 릴리즈 노트를 읽어봐.

래머군 　그렇다고 해도 지금 바로 바꾸는게 맞을까?

악마씨 　빨리 바꿀수록 좋지. 그래야 효율도 오르고.

래머군 　이런, 버전을 바꿨더니 빌드 오류가 발생했어!

악마씨 　그럴 리가 없는데….

천사양 　여러 어셈블리가 동시에 동작할 때, 특히 같은 애플리케이션 도메인 내에서 동작할 때는 의존 모듈 버전을 가능한 한 통일하는 것이 좋아.

래머군 　이유는?

천사양 　버전 간의 동작 차이 때문에 문제가 발생할 수 있거든. 그래서 지금도 빌드 오류가 발생한 거고.

래머군 　어떻게 알았어?

천사양 　실행 파일 측 프레임워크 버전은 올리지 않았는데 클래스 라이브러리 버전만 올렸기 때문이야. 아마 이런 오류 메시지가 나왔을걸?

```
warning MSB3274: 프라이머리 참조 "C:\ConsoleApplication1\ClassLibrary1\bin\
Debug\ClassLibrary1.dll" 는".NETFramework,Version=vX.Y.Z" 프레임워크
로 작성돼 있기 때문에 해석할 수가 없습니다. 이것은 현재 대상 프레임워크
".NETFramework,Version=vX.Y" 보다 새로운 버전입니다.
```

래머군 　정확해.

천사양 　따로따로 개발된 모듈을 한곳에 모아서 빌드할 때 자주 발생하는 오류야.

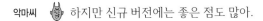

악마씨 　 하지만 신규 버전에는 좋은 점도 많아.

천사양 　 그래서 '버전을 올리지 마'라고 하지 않는 거야. **올릴 때는 한꺼번에 전체를 올려야 해.**

래머군 　 그러면 일관성이 유지된다는 얘기지?

천사양 　 맞아. 하지만 버전 업데이트가 불가능한 모듈도 있기 때문에 언제든지 원 상태로 복구할 수 있어야 해.

악마씨 　 그러면 내 얼굴을 핸섬 버전으로 바꾸면 나랑 데이트해줄 거야?

천사양 　 내가 가진 프레임워크는 옛날 버전이라서 악마씨의 버전과 맞지 않아.

악마씨 　 흑흑. 또 거절당했다.

3.4

런타임 버전이 너무 오래됐을 때

 사건의 시작

래머군 🙂 천사양, 나의 string.IsNullOrWhiteSpace 메서드가 어디로 사라진 걸까?

천사양 😇 갑자기 무슨 일이야?

래머군 🙂 내가 묻고 싶은 거야. 어제까지 잘 사용했던 string.IsNullOrWhiteSpace 메서 드가 갑자기 사라졌어. 이런 멍청한 인텔리센스! 컴파일 오류도 발생해.

악마씨 😈 꿈에서 본 거 아냐? 그런 메서드는 없어.

천사양 😇 있어. 이걸 봐.

악마씨 😈 정말?

 래머군의 요청

래머군 🙂 다음과 같은 문제가 있어.

- string.IsNullOrWhiteSpace(" Hello! ") 코드를 실행했을 때 오류가 발생하는 프로젝트 가 있고 발생하지 않는 프로젝트가 있다.

- 차이점은 무엇인가?

- 어떻게 수정할 수 있는가?

- 재발 방지책은 무엇인가?

래머군 　　 예를 들어 다음과 같은 코드가 실행될 때도 있고 그렇지 않을 때도 있어.

```
using System;

class Program
{
    static void Main(string[] args)
    {
        Console.WriteLine(string.IsNullOrWhiteSpace(" Hello! "));
    }
}
```

악마씨의 답

악마씨 　　 참조를 추가하지 않아서 그래. 자주 있는 일이지. 프로젝트에 추가한 모듈에 따라 인텔리센스에 나오는 후보가 달라지고 컴파일 결과에도 영향을 주는 거야. 참조 내용을 확인해봐.

래머군 　　 하지만 mscorlib.dll에 포함되는 메서드여서 참조를 잊었을 리는 없어.

악마씨 　　 그런가?

천사양 　　 애당초 참조하는 것을 잊었다면 string 클래스 자체를 사용할 수도 없지.

악마씨 　　 그…그런가?

천사양의 답

천사양 　　 프로젝트 속성을 열어서 현재 사용 중인 닷넷 프레임워크 버전을 확인해봐.

래머군 　　 문제가 발생하는 프로젝트만 버전이 3.5야.

천사양 　　 역시 그랬구나. string.IsNullOrWhiteSpace 메서드는 버전 4 이상에서만 지원되기 때문에 3.5에서는 당연히 동작하지 않아.

래머군 　　 전혀 생각하지 못한 부분이야. 공기처럼 아무 생각 없이 사용하던 닷넷 프레임워크 메서드여서 버전에 상관없이 사용할 수 있을 줄 알았어.

천사양 🪬 버전을 4 이상으로 바꾸면 사용할 수 있어.

래머군 😀 재발 방지책은?

천사양 🪬 특별히 없어. 처음부터 닷넷 프레임워크 버전은 여러 환경을 고려해서 결정하기 때문에 버전이 오래됐다고 무조건 나쁘다고 할 수도 없거든.

결말

래머군 😀 결국 프레임워크 버전은 너무 새것이어도 안 되고 너무 오래 되도 안 되는 거네.

악마씨 😈 결론이 너무 어중간한데.

천사양 🪬 엄밀하게 말하면 새 버전이냐 오래된 버전이냐가 문제가 아니라, **전체적으로 일관성을 유지하는 것이 중요한 거야.**

래머군 😀 프로젝트 내에서의 일관성을 말하는 거지?

천사양 🪬 ASP.NET 애플리케이션 풀(pool)[1]의 프레임워크 버전도 잊으면 안 돼.

악마씨 😈 그래, 더우니까 모두 풀(수영장)에서 놀자.

래머군 😀 그거 좋은데.

악마씨 😈 댁한테 한 얘기가 아닌데.

천사양 🪬 미안. 나는 풀이 아닌 풀바(Pool bar)[2]에서 선약이 있어. 바이바이~

악마씨 😈 이런!

---

1 애플리케이션 풀은 웹 서버에서의 호스팅 방식으로 이 풀 방식을 이용하면 여러 웹 애플리케이션을 동시에 호스팅하거나 두 개 이상의 작업 프로세스로 분산할 수 있다. 여러 애플리케이션을 동시에 호스팅한다는 것은 애플리케이션에 따라 다른 버전의 프레임워크를 사용할 수도 있다는 의미이므로 주의가 필요하다 – 옮긴이.

2 일본의 낭카상으로 술과 당구를 즐기는 장소 – 옮긴이.

4장

알고리즘 문제

4.1

지나친 재귀 사랑

 사건의 시작

래머군 😀 사실은 우리 회사에 재귀 대마왕이라 불리는 유명한 선배가 있어.

천사양 😇 어떤 사람인데?

래머군 😀 루프 같은 거는 필요 없고 전부 재귀로 구현하는 거야. 그렇게 하는 게 더 멋있대. 게다가 함수형이어서 편하고.

악마씨 😈 근데 뭐가 문제야?

래머군 😀 재귀 대마왕이 만든 코드가 테스트는 통과했는데 실제 서비스 환경에서는 오류가 발생했지 뭐야. 도대체 뭐가 잘못된 걸까?

악마씨 😈 루프를 사용하지 않으니까 신이 삐친 거야. 루프의 신이 머리에 안테나를 달고서 그 코드를 잡아낸 거라고.

천사양 😇 그런 신은 없어.

악마씨 😈 왜, 재귀도 대마왕이 있잖아!

 래머군의 요청

래머군 😀 이게 내가 말한 코드야. 다음 프로그램을 실행하면 `Process is terminated due to StackOverflowException.`이라는 오류가 발생하면서 프로그램이 멈춰버려.

```
using System;
using System.Linq;

class Program
{
    private static int recure(int[] n)
    {
        if (n.Length == 0) return 0;
        return n[0] + recure(n.Skip(1).ToArray());
    }

    static void Main(string[] args)
    {
        Console.WriteLine(recure(Enumerable.Range(0, 32767).ToArray()));
    }
}
```

래머군 다음과 같은 문제가 있어.

- 원인은 무엇인가?

- 해결 방법은 무엇인가?

- 재발 방지책은 있는가?

 악마씨의 답

악마씨 메시지를 봐. 답이 이미 적혀 있어.

Process is terminated due to StackOverflowException.

래머군 무슨 의미야?

악마씨 스택이 부족하다는 거야.

래머군 스택이 뭐야?

악마씨 메모리에 확보되는 정보랄까. 너무 아끼지 말고 얼른 가서 메모리나 사와. 증설해야지.

래머군 　메모리가 충분한 개발 장비에서도 같은 오류가 발생해.

악마씨 　그럴 리가….

천사양의 답

천사양 　이론적으로 루프는 재귀 호출 방식으로 변경할 수 있어. 하지만 어디까지나 이론이야. **재귀 호출은 한 번 호출될 때마다 스택이라는 메모리 영역을 소비하지. 그런데 스택은 크기가 제한적이라서 반복이 많으면 스택을 다 써버리게 돼.**

래머군 　그럼 어떻게 해야 돼?

천사양 　재귀를 루프로 바꾸면 돼. 그렇게만 해도 스택 소비량이 많이 줄어들어.

```csharp
using System;
using System.Linq;

class Program
{
    private static int loop(int[] n)
    {
        int sum = 0;
        foreach (var item in n) sum += item;
        return sum;
    }

    static void Main(string[] args)
    {
        Console.WriteLine(loop(Enumerable.Range(0, 32767).ToArray()));
    }
}
```

천사양 　사실 이 정도 처리는 루프를 사용하지 않고 다음과 같이 작성해도 좋아.

```csharp
private static int simple(int[] n)
{
    return n.Sum();
}
```

래머군　😀　고급 코드가 평범한 코드로 바뀌어 버렸네. 이렇게 해도 괜찮은 거야?

천사양　👼　**재귀 호출은 스택을 소비하기 때문에 대량의 데이터에는 사용하면 안 돼.** 이건 상식이야.

결말

래머군　😀　결과를 재귀 대마왕에게 알려줬더니 실망하더라고.

천사양　👼　그렇겠지. 이론적으로는 틀리지 않았거든.

래머군　😀　이론은 맞지만 실제 업무에서는 통용되지 못한 거네.

악마씨　😈　그래서 그 대마왕은 어떻게 됐어?

래머군　😀　책상에 푹 엎드린 채 고개를 들지 못했어. 아마 한동안 일어나시 못할 거야.

악마씨　😈　재귀 대마왕이 재기 불능이 됐네.[1]

1　일본어로 재귀(再歸)와 재기(再起)는 같은 발음이라서 말장난을 하는 것이다 – 옮긴이.

4.2

불변이 아닌 클래스

 사건의 시작

래머군 　선배가 문제를 냈어. 두 가지 클래스 중에 어떤 클래스가 좋은 건지 맞춰보래.

악마씨 　래머군을 테스트하는 거야.

천사양 　신뢰받고 있다는 증거야. 힘내!

래머군 　일단 답을 찾기는 했어. 악마씨와 천사양의 의견을 듣고 싶어.

천사양 　답 맞추기구나. 좋아!

 래머군의 요청

래머군 　다음 두 개의 클래스 중 어떤 것이 좋은 클래스일까? 판단 근거까지 같이 생각
해야 해. 참고로 아무리 봐도 양쪽의 차이는 readonly 키워드 유무밖에 없어.

```
public class class1
{
    public int x;
    public int y;
    public class1(int x, int y)
    {
        this.x = x;
        this.y = y;
```

```
        }
}
```

```
public class class2
{
    public readonly int x;
    public readonly int y;
    public class2(int x, int y)
    {
        this.x = x;
        this.y = y;
    }
}
```

 악마씨의 답

악마씨   class1이야.

래머군   이유는?

악마씨   class1은 x, y에 기록하지만, class2는 readonly가 붙어있어서 생성자의 실행
이 끝나면 더는 변경할 수가 없어. 기능이 떨어진다는 소리지. 기능에 한계가 있다
고도 할 수 있어.

 천사양의 답

천사양   class2야

래머군   이유는?

천사양   class2는 불변 클래스야.

래머군   불변 클래스?

천사양   응. 작성된 후에는 내용이 다시 변경되지 않는 클래스.

래머군 　왜 불변 쪽이 좋은 거야?

천사양 　**프로그램의 복잡성을 줄여줄 수 있기 때문이야.** 같은 객체기 때문에 언제나 같은 값을 반환한다는 것을 안다면 코드 가독성을 높일 수 있어.

 ## 결말

래머군 　불변이라고 해도 와 닿지 않아. 정말 이걸로 괜찮은 걸까?

천사양 　래머군이 자주 사용하는 string 클래스도 불변이야.

악마씨 　거짓말! 객체를 변경할 수 있는데?

```
using System;

class Program
{
    static void Main(string[] args)
    {
        string x = "a";
        x = "b";
    }
}
```

천사양 　변수 내용을 바꾼 거지 **객체 내용을 바꾼 게 아니잖아.**

악마씨 　이건 안 되나 보네.

천사양 　참고로 System.Text.StringBuilder 클래스는 가변 문자열 클래스야. 내용을 바꿀 수 있어.

악마씨 　그런데 천사양, 시간 되면 한잔하러 가자. 천사양이 나를 사랑하도록 바꿔줄게.

래머군 　악마씨는 정말 끈질겨.

천사양 　어떡하지? 내 마음은 불변이야.

악마씨 　흑흑.

4.3

흩어진 정보

사건의 시작

래머군 ☺ 실숫값을 사용한 프로그램의 실행 결과가 이상해. 예상하지 않은 값이 나와.

악마씨 😈 실수 계산에는 오차가 있어. 의도하지 않은 값이 나오더라도 울지 마. 대충 맞으면 괜찮아.

래머군 ☺ 오차 정도가 아니야.

천사양 😇 계산식에 문제가 있는 거 아니야?

래머군 ☺ 실행 창에서 계산식만 별도로 확인했더니 제대로 된 값이 나왔어. 왜 이런 거지?

래머군의 요청

래머군 ☺ 이 프로그램의 결과는 0이어야 해. 만약 Reset 메서드가 동작하지 않는다면 약 1.7이고. 하지만 실제로 실행해 보면 1.4가 나와.

```
using System;

class HeightInfo
{
    public static double[] Z = new double[10000];
    internal static void Reset()
    {
        Z = new double[10000];
```

```
        }
}

class Program
{
    private static double[] x = new double[10000];
    private static double[] y = new double[10000];

    private static double calcDist(int index1, int index2)
    {
        HeightInfo.Reset();
        return Math.Sqrt((x[index1] - x[index2]) * (x[index1] - x[index2])
            + (y[index1] - y[index2]) * (y[index1] - y[index2])
            + (HeightInfo.Z[index1] - HeightInfo.Z[index2]) *
                            (HeightInfo.Z[index1] - HeightInfo.Z[index2]));
    }

    static void Main(string[] args)
    {
        x[0] = 0;
        y[0] = 0;
        HeightInfo.Z[0] = 0;
        x[1] = 1;
        y[1] = 1;
        HeightInfo.Z[1] = 1;
        Console.WriteLine(calcDist(0, 1));
    }
}
```

래머군 😊 알고 싶은 것은 다음과 같아.

- 어디에 문제가 있는가?

- 어떻게 수정하면 되나?

- 재발 방지책은 있는가?

악마씨의 답

(※calcDist 메서드만 수정)

```
private static double calcDist(int index1, int index2)
{
    HeightInfo.Reset();
    x = new double[10000];
    y = new double[10000];
    return Math.Sqrt((x[index1] - x[index2]) * (x[index1] - x[index2])
        + (y[index1] - [index2]) * (y[index1] - y[index2])
        + (HeightInfo.Z[index1] - HeightInfo.Z[index2]) *
                            (HeightInfo.Z[index1] - HeightInfo.Z[index2]));
}
```

래머군 버그의 원인이 뭐야?

악마씨 Z 좌표만 초기화하고 X, Y 좌표는 초기화하지 않아서야.

래머군 그러면 수정 방법은?

악마씨 X 좌표와 Y 좌표를 초기화하면 돼.

래머군 재발 방지책은?

악마씨 뭐야? 그것까지 생각해야 해?

래머군 당연하지.

 천사양의 답

```
using System;

struct TriplePoint
{
    public double X, Y, Z;
}
```

```csharp
class PointInfo
{
    public static TriplePoint[] Point = new TriplePoint[10000];
    internal static void Reset()
    {
        Point = new TriplePoint[10000];
    }
}

class Program
{
    private static double calcDist(int index1, int index2)
    {
        PointInfo.Reset();
        var pt1 = PointInfo.Point[index1];
        var pt2 = PointInfo.Point[index2];
        return Math.Sqrt((pt1.X - pt2.X) * (pt1.X - pt2.X)
            + (pt1.Y - pt2.Y) * (pt1.Y - pt2.Y)
            + (pt1.Z - pt2.Z) * (pt1.Z - pt2.Z));
    }

    static void Main(string[] args)
    {
        PointInfo.Point[0].X = 0;
        PointInfo.Point[0].Y = 0;
        PointInfo.Point[0].Z = 0;
        PointInfo.Point[1].X = 1;
        PointInfo.Point[1].Y = 1;
        PointInfo.Point[1].Z = 1;
        Console.WriteLine(calcDist(0, 1));
    }
}
```

래머군 　버그의 원인은?

천사양 　Z 좌표만 초기화하고 X, Y 좌표는 초기화하지 않았기 때문이야.

래머군 　수정 방법은?

천사양 X 좌표와 Y 좌표를 초기화하면 된다고 말하고 싶지만, X 좌표와 Y 좌표는 Reset 메서드가 접근할 수 없는 곳에 있어. 따라서 전체적으로 수정해야 해.

래머군 재발 방지책은?

천사양 이 코드는 X 좌표, Y 좌표, Z 좌표를 따로 처리하기 때문에 무심코 Z 좌표만 초기화할 우려가 있어. 따라서 **연계성이 강한 X, Y, Z를 한 세트로 선언하는 거야.** 그러면 X, Y, Z를 한 번에 모두 초기화할 수 있어. 훨씬 안정적이야.

결말

천사양 보통 X, Y, Z 좌표나 사람 이름, 나이, 성별같이 **서로 연계성이 강한 정보는 나누지 않고 하나로 묶어서 처리하는 것이 좋아.**

래머군 정보가 흩어져 있으면 일부만 처리되고 다른 일부는 처리되지 않는 문제가 생기기 때문이지?

악마씨 연계성이 강한 정보는 하나로 묶는다고? 그럼 천사양과 나도 한 세트로 묶자.

천사양 싫어! 나는 악마씨와 아무런 연계성이 없어.

4.4

쿼리가 너무 많을 때

사건의 시작

래머군 　악마씨. 천사양 도와줘. 프로그램이 너무 느려.

악마씨 　오버클록(overclock)이라고 알아? 정해진 클록 수를 어느 정도 초과하더라도 CPU가 동작하는 거.

천사양 　바보. 초과라는 의미를 알고 말하는 거야? 갑자기 CPU가 멈추는 것을 방지하기 위해 어느 정도 여유를 둔 거야. 속도가 느리면 알고리즘을 수정해야지.

래머군의 요청

래머군 　이 프로그램은 느려도 너무 느려. 최소한의 작업만으로 속도를 개선하고 싶어.

```csharp
using System;
using System.Linq;

class Program
{
    static void Main(string[] args)
    {
        var start = DateTime.Now;
        var ar = Enumerable.Range(0, 100000);
        int sum = 0;
        for (int i = 0; i < ar.Count(); i++)
```

```
        {
            sum = sum / 2 + ar.ElementAt(i);
        }
        Console.WriteLine(sum);
        Console.WriteLine(DateTime.Now - start);
    }
}
```

래머군   실행 결과는 다음과 같아.

실행 결과(시간은 래머군의 PC 기준)

```
199996
00:01:21.1579081
```

악마씨의 답

```
using System;
using System.Linq;

class Program
{
    static void Main(string[] args)
    {
        var start = DateTime.Now;
        int sum = 0;
        for (int i = 0; i < 100000; i++)
        {
            var ar = Enumerable.Range(0, i + 1);
            sum = sum / 2 + ar.ElementAt(i);
        }
        Console.WriteLine(sum);
        Console.WriteLine(DateTime.Now - start);
    }
}
```

```
199996
00:00:23.4754961
```

악마씨 어때? 1분 21초에서 23초로 줄었어. 엄청 빨라졌지?

래머군 수정 위치는?

악마씨 수열을 생성하는 부분을 루프 안으로 옮겼어. 그리고 데이터를 얻은 후에는 더는 수열이 만들어지지 않도록 했어.

래머군 근데 왜 빨라진 거야?

악마씨 영원히 참조되지 않는 값을 만들지 않아도 되니깐.

래머군 그러면 뭐가 바뀌는 건데?

악마씨 불필요한 데이터를 만들지 않으니 그만큼 빨라지는 거지.

천사양의 답

```csharp
using System;
using System.Linq;

class Program
{
    static void Main(string[] args)
    {
        var start = DateTime.Now;
        var ar = Enumerable.Range(0, 100000).ToArray();
        int sum = 0;
        for (int i = 0; i < ar.Count(); i++)
        {
            sum = sum / 2 + ar.ElementAt(i);
        }
        Console.WriteLine(sum);
        Console.WriteLine(DateTime.Now - start);
```

```
      }
   }
```

실행 결과(시간은 래머군의 PC 기준)

```
199996
00:00:00.0129985
```

천사양 　1분 21초에서 약 0.01초로 줄었어.

래머군 　수정 위치는?

천사양 　ToArray 메서드 호출을 추가한 게 다야.

래머군 　왜 빨라지는 건데?

천사양 　원래 프로그램에서 변수 ar이 받은 것은 **배열이 아니라 열거 객체**야. 따라서 루
　　　　프가 반복될 때마다 수열을 생성했던 거지.

래머군 　ToArray 메서드 호출을 추가하면 뭐가 달라지는 거야?

천사양 　**수열을 한 번만 생성하기 때문에** 속도가 빨라져.

 결말

악마씨 　거짓말이라고 말해줘. 23초까지 단축해서 뿌듯했는데 천사양은 0.01초라고?

천사양 　일반적으로 **쿼리 실행 횟수가 많을수록 속도는 느려져.**

악마씨 　하지만 배열을 사용하면 메모리를 불필요하게 낭비하기 때문에 쿼리를 사용해
　　　　야 유리한 거 아냐?

천사양 　두세 번 정도는 괜찮지만, **백만 번 쿼리를 반복 실행한다면 오버헤드가 과도하
　　　　게 발생해.** 그때는 배열로 만들어서 전달하는 것이 더 빠를 수 있어.

래머군 　어느 쪽을 사용할지는 **데이터양과 처리 성격**에 따라 달라진다는 얘기구나.

악마씨 　그렇다면 내가 천사양에게 보낸 백만 통의 러브레터는 쓸모없는 거야?

래머군 　백만 통이나 보냈어? 적어도 그만큼은 사랑하는 거네.

천사양　백만 통? 그 기분 나쁜 검은색 쪽지를 말하는 거라면 세 번밖에 받지 못했어.

래머군　사랑이 아니었나 보군.

4.5

장황한 판정

사건의 시작

래머군　if문이 장황하다고 선배한테 혼났어. 그런데 어디가 장황한 건지 모르겠어. 가
　　　르쳐줘, 악마씨, 천사양.

악마씨　걱정하지 마. 내가 해결해줄게.

천사양　정말 해결할 수 있어서 그렇게 말하는 거야?

래머군의 요청

래머군　이건 특정 프로그램에서 관련된 부분만 추출한 거야. 이 코드만 보면 불필요한
　　　코드가 많아 보이지만, 사실 하나하나 제 역할이 있어.

```
using System;

class Program
{
    static void Main(string[] args)
    {
        object a = "Hello!";
        if(a is string)
        {
            var b = a as string;
            if(b != null)
            {
```

```
            Console.WriteLine(b);
        }
    }
]
}
```

래머군 이 코드의 if문이 장황하다고 혼났어.

- 무엇이 장황한가? string형 판정과 null 판정은 필요하다고 생각한다.

- if문을 줄일 수 있는가? 그렇다면 어디를 수정해야 하는가?

악마씨의 답

```
using System;

class Program
{
    static void Main(string[] args)
    {
        object a = "Hello!";
        var b = a as string;
        if(b != null)
        {
            Console.WriteLine(b);
        }
    }
}
```

악마씨 어때? 똑똑한 코드라고 생각하지 않아?

천사양 한결 짧아지긴 했어.

래머군 이건 안 돼. 코드를 전체적으로 수정한 거잖아. 이렇게 되면 원래 코드에서 어느 부분이 잘못됐는지 알 수가 없어.

천사양 그러면 그 점을 고려해서 내가 수정해볼게.

```
using System;

class Program
{
    static void Main(string[] args)
    {
        object a = "Hello!";
        if(a is string)
        {
            var b = a as string;
            Console.WriteLine(b);
        }
    }
}
```

천사양 래머군 코드에서 두 번째 if문이 장황해. 빼도 괜찮아.

래머군 이유는?

천사양 null은 string형이 아니기 때문이야. 따라서 **a is string**이라는 판정식은 **null**이 아니라는 것도 이미 판정하고 있어.

래머군 그렇구나! 앞에서 if(a is string)이라고 판정했다면 if(b!=null)를 100% 통과하기 때문에 굳이 판정식을 사용할 필요가 없다는 거네.

 결말

악마씨 하지만 불필요한 판정이 있다고 해서 특별히 나쁠 것도 없잖아? 남겨 두어도 괜찮을 것 같은데….

천사양 아니야. 아무리 메모리가 넉넉하다 해도 CPU의 캐시 크기에는 한계가 있어. 캐시로 처리할 수 있는 코드양에 따라서 속도가 달라지기 때문에 불필요한 코드는 되도록 제거하는 것이 좋아.

래머군 컴파일러가 최적화해주지 않아?

천사양 컴파일러가 불필요한 코드를 제거해주기도 하지만, 완벽하지 않아. 컴파일러가 판단할 수 없는 것은 프로그래머가 직접 제거해야 해.

악마씨 그러면 천사양, 나에 대한 편견도 제거해줘. 그것 때문에 아무리 놀러 가자고 해도 같이 가주지 않잖아.

천사양 당신 악마 아니었어?

악마씨 나 악마 맞아.

천사양 거봐 편견이 아니잖아.

좋아한다. 좋아하지 않는다. 좋아한다…
반드시 좋아하게 될 거야 ♡

저런 종류의 장미는
항상 잎이
다섯 장이야

The C# Best Know-how

4.6

고유성이 확보됐는데 판정한다

 사건의 시작

래머군 컬렉션에 실수로 같은 키가 추가되면 곤란하기 때문에 중복 등록을 방지하는
조건 판정문을 넣었어.

악마씨 고유성이 중요하지.

천사양 그래 맞아. 특히 키는 고유성이 중요해.

래머군 하지만 판정 코드가 무거워. 속도를 조금 더 개선하고 싶어.

 래머군의 요청

래머군 이 프로그램의 실행 속도를 높이고 싶어.

```
using System;
using System.Linq;
using System.Collections.Generic;

class Program
{
    private static Dictionary<int, string> dic = new Dictionary<int, string>();
    private static void add(int key, string value)
    {
        if(dic.ContainsKey(key)) throw
                            new ApplicationException("key is already used");
```

```
            dic.Add(key, value);
        }

    static void Main(string[] args)
    {
        var start = DateTime.Now;
        for(int i = 0; i < 10; i++)
        {
            Console.WriteLine(i);
            dic.Clear();
            foreach(var item in Enumerable.Range(0, 10000000))
            {
                add(item, item.ToString());
            }
        }
        Console.WriteLine(DateTime.Now - start);
    }
}
```

래머군 😊 실행 결과는 다음과 같아.

실행 결과(시간은 래머군의 PC 기준)

```
0
⋮
9
00:00:30.0508838
```

래머군 😔 조금이라도 좋으니까 속도를 개선하는 방법이 없을까? 단, 같은 키를 추가하면
경고를 줘야 해.

악마씨의 답

```
using System;
using System.Linq;
using System.Collections.Generic;
```

```
class Program
{
    private static Dictionary<int, string> dic = new Dictionary<int, string>();
    private static void add(int key, string value)
    {
        dic.Add(key, value);
    }

    static void Main(string[] args)
    {
        var start = DateTime.Now;
        for(int i = 0; i < 10; i++)
        {
            Console.WriteLine(i);
            dic.Clear();
            var q = Enumerable.Range(0, 10000000);
            foreach(var item in q)
            {
                add(item, item.ToString());
            }
            if(dic.Keys.Count() != q.Count()) throw
                            new ApplicationException("key is duplicated");
        }
        Console.WriteLine(DateTime.Now - start);
    }
}
```

실행 결과(시간은 래머군의 PC 기준)

```
0
 ⋮
9
00:00:27.9717533
```

래머군   악마씨의 아이디어는 뭐야?

악마씨   추가한 데이터 수와 최종 키 수를 비교해서 같으면 전체 데이터 추가에 성공했다고 보는 거야. 하나씩 판정하지 않아도 되니까 매우 빨라.

천사양의 답

천사양 이 줄은 필요 없어. 삭제하면 좀 더 빨라져.

```
if(dic.ContainsKey(key)) throw
                    new ApplicationException("key is already used");
```

실행 결과(시간은 래머군의 PC 기준)

```
0
 :
9
00:00: 28.7620341
```

래머군 악마씨 코드보다 약간 느린데?

천사양 그 정도는 오차 범위야. 몇 번 더 실행해봐.

래머군 다시 실행하니까 천사양 코드가 더 빨라.

결말

래머군 천사양의 아이디어는 뭐야?

천사양 원래 **Add 메서드는 중복된 키가 있으면 예외를 발생하는 기능이 있어.** 단순히 데이터가 중복됐을 때 예외를 발생하는 목적이라면 중복 체크 자체가 필요 없는 거지.

악마씨 애당초 중복된 데이터가 있으면 예외가 발생하는 거였어?

천사양 응. 기존 데이터를 지우고 새로운 데이터를 넣는 업데이트 처리와 헷갈리지?

악마씨 서, 설마….

천사양 이미 고유성이 확보돼 있는데 다시 고유성을 판정하면 불필요한 코드가 늘어나기 때문에 속도가 느려져. 주의하도록 해.

악마씨 그런데 천사양, 그런 장황한 옷은 좀 벗으면 안 돼?

천사양 나는 똑같은 옷은 두 벌 사지 않는다는 주의야. 내 옷 중에 장황한 옷은 하나도 없어.

276

악마씨  이런….

래머군 오늘도 차였네.

---

1 일본어로 고유하다는 유니크라는 표현을 사용한다. 유니크(unique)는 영어로 독특하다는 의미도 있다. 고유와 독특 두 단어로 말 장난하는 것이다 – 옮긴이.

4.7
고유성이 확보되지 않았는데
판정하지 않는다

사건의 시작

래머군 🙂 큰일이야. 상금 계산 프로그램이 이상하다는 불만이 제기됐어.

악마씨 👺 새로 작성한 거야?

래머군 🙂 그건 아닌데 예전에는 아무 문제가 없었어.

천사양 👼 코드를 보여줘.

래머군의 요청

래머군 🙂 문제의 코드야.

```csharp
using System;
using System.Linq;

class Program
{
    static void Main(string[] args)
    {
        int[] winners = { 2, 1, 5, 3, 5 };
        for(int i = 1; i < 6; i++)
        {
            Console.WriteLine("등번호 {0}번", i);
            if(winners.Contains(i))
```

```
                Console.WriteLine("우승했기 때문에 상금 백만 원 수여");
            else
                Console.WriteLine("상금 없음");
        }
    }
}
```

래머군 다음은 실행 결과야.

실행 결과

```
등번호 1번
우승했기 때문에 상금 백만 원 수여
등번호 2번
우승했기 때문에 상금 백만 원 수여
등번호 3번
우승했기 때문에 상금 백만 원 수여
등번호 4번
상금 없음
등번호 5번
우승했기 때문에 상금 백만 원 수여
```

래머군 의도한 결과가 나오지 않아. 어쩌면 좋지?

- 시합은 총 다섯 번이며 우승한 사람의 등번호는 각각 2, 1, 5, 3, 5다.

- 우승한 사람에게는 백만 원을 수여한다.

- 경기에서 두 번 우승한 등번호 5번에게는 2백만 원이 수여돼야 하지만, 백만 원만 수여된다.

- 왜 금액이 부족한가?

- 어떻게 수정해야 하는가?

- 재발 방지책은 있는가?

악마씨의 답

```
using System;
```

```
using System.Linq;

class Program
{
    static void Main(string[] args)
    {
        int[] winners = { 2, 1, 5, 3, 5 };
        foreach(var item in winners)
        {
            Console.WriteLine("등번호 {0}번", item);
            Console.WriteLine("우승했기 때문에 상금 백만 원 수여");
        }
    }
}
```

실행 결과

```
등번호 2번
우승했기 때문에 상금 백만 원 수여
등번호 1번
우승했기 때문에 상금 백만 원 수여
등번호 5번
우승했기 때문에 상금 백만 원 수여
등번호 3번
우승했기 때문에 상금 백만 원 수여
등번호 5번
우승했기 때문에 상금 백만 원 수여
```

악마씨 　등번호 5번에게 두 번에 나누어 백만 원씩 주면 돼. 이제 문제 해결된 거지?

래머군 　아니, 상금을 입금할 때 수수료가 들기 때문에 한 번에 전체 금액을 보내야 해.

악마씨 　그래?

래머군 　게다가 상금을 받지 못한 사람도 표시돼야 해. 등번호 4번이 보이지 않잖아.

악마씨 　이상하네.

천사양의 답

```
using System;
using System.Linq;

class Program
{
    static void Main(string[] args)
    {
        int[] winners = { 2, 1, 5, 3, 5 };
        for(int i = 1; i < 6; i++)
        {
            Console.WriteLine("등번호 {0}번", i);
            if(winners.Contains(i))
                Console.WriteLine("우승했기 때문에 상금 {0}원 수여",
                                  winners.Count(c => c == i) * 1000000);
            else
                Console.WriteLine("상금 없음");
        }
    }
}
```

실행 결과

```
등번호 1번
우승했기 때문에 상금 1000000원 수여
등번호 2번
우승했기 때문에 상금 1000000원 수여
등번호 3번
우승했기 때문에 상금 1000000원 수여
등번호 4번
상금 없음
등번호 5번
우승했기 때문에 상금 2000000원 수여
```

천사양   만약 고유성이 확보된 키라면 ContainsKey 메서드로 포함 여부만 판정하면 돼.
하지만 고유성이 확보되지 않은 컬렉션을 판정할 때는 **포함 여부는 물론 몇 개가 포
함돼 있는지도 판정해야 해.**

래머군   그래서 Count 메서드를 추가한 거구나.

천사양   아마 이 프로그램을 만든 사람은 같은 사람이 여러 번 우승하는 경우를 생각하지 못했던 것 같아.

결말

래머군   알았어. 이미 고유성이 확보된 상황에서 고유성을 판정하는 것은 무의미하지만, 반대로 **고유성이 확보되지 않은 상황에서는 고유성을 기대하는 것이 무의미하다**는 얘기지?

천사양   그래 맞아. Distinct 키워드로 고유성을 확보할 수 있으니까 주의해서 설계해야 해.

악마씨   그것보다 고유한(독특한) 레스토랑을 발견했어. 같이 가자.

래머군   우와, 가자.

악마씨   자네한테 한 얘기는 아니지만, 자네가 있으면 천사양도 올 확률이 높아지니까 와도 좋아.

래머군   신난다.

천사양   어떤 레스토랑인데?

악마씨   악마 스타일의 펑크 밴드가 라이브로 연주하는 곳이야. 그리고 객석에 악기를 던질 수 있어. 재미있는 레스토랑이지?

천사양   둘이 잘 다녀와.

래머군   나도 사양할게.

악마씨   왜 그래? 독특하잖아.

래머군   그런 독특성(고유성)은 확보하고 싶지 않아.

4.8

영원히 실행되지 않는 코드

 사건의 시작

래머군 　응 다른 프로그램에서 사용했던 메서드를 받았어.

악마씨 　응 테스트는 거친 거야?

래머군 　응 응. 이미 테스트까지 다 마쳐서 아무런 문제가 없는 코드야.

천사양 　응 잠깐만. 테스트를 거쳤다는 게 프로그램이야 아니면 메서드야?

 래머군의 요청

래머군 　응 받은 코드는 다음과 같아. 나눗셈 연산을 하는 코드인데 이미 다른 곳에서 사용
된 거야. 0으로 나눌 때는 예외가 발생하도록 구현돼 있어.

```
using System;
using System.Linq;

class Program
{
    private static int calc(int x, int y)
    {
        if(y == 0)
        {
            Console.WriteLine("Warning: y is zero.
                                        calc method requires y != 0");
```

```
        }
        return x / y;
    }

    static void Main(string[] args)
    {
        for(int i = -5; i < 5; i++)
        {
            if(i != 0) Console.WriteLine(calc(10, i));
        }
    }
}
```

래머군 😊 실행하면 다음과 같은 문제가 발생해. 원인을 알고 싶어.

- calc 메서드만 가져와서 사용했다.

- calc(10,0);라고 호출하면 0 연산 예외를 잡지 못하고 프로그램이 종료된다.

- 다른 프로그램에서 아무런 문제 없이 사용했다고 하는데 거짓말인가?

- 원인은 무엇인가?

- 재발 방지책은 있는가?

 ## 악마씨의 답

(※calc 메서드만 수정)

```
private static int? calc(int x, int y)
{
    try
    {
        if(y == 0)
        {
            Console.WriteLine("Warning: y is zero.calc method requires y != 0");
        }
        return x / y;
```

```
    }

    catch (DivideByZeroException)
    {
        return null;
    }
}
```

악마씨 🦇 어때? 예외를 잡았어. try-catch문을 넣으면 0으로 나눌 때 발생하는 예외를 쉽게 잡을 수 있어.

래머군 🙂 하지만 계산을 할 수 없을 때도 어떤 값이든 반환해야 하는 거 아니야?

악마씨 🦇 그래서 int를 int?로 변경해서 null을 반환하도록 했어. 나 똑똑하지?

래머군 🙂 원인은?

악마씨 🦇 그건 몰라.

래머군 🙂 재발 방지책은?

악마씨 🦇 글쎄….

래머군 🙂 그럼 소용없잖아.

 ## 천사양의 답

```
using System;
using System.Linq;
using System.Diagnostics;

class Program
{
    private static int calc(int x, int y)
    {
        Trace.Assert(y != 0, "calc method requires y != 0");
        return x / y;
    }
```

```
static void Main(string[] args)
{
    for(int i = -5; i < 5; i++)
    {
        if(i != 0) Console.WriteLine(calc(10, i));
    }
}
}
```

천사양　calc 메서드의 버그는 return 때문이야. 0 연산 여부를 미리 체크하기는 했지만, 그대로 처리를 진행해서 0으로 나눠버렸어.

래머군　그러면 처음 프로그램에서는 왜 오류가 발생하지 않은 거야?

천사양　Main 메서드에서 이미 0 여부를 판단하기 때문에 0일 때는 아예 호출되지가 않아. calc 메서드 자체는 사용되었지만, y가 0일 때는 한 번도 실행된 적이 없는 거지.

래머군　대책은 있어?

천사양　**똑같은 판정은 두 번 하지 않을 것.** 첫 번째 판정에서 걸러지면 **두 번째 판정 역시 참(true)이 될 수 없기 때문에 참일 때 실행되는 코드가 영원히 실행되지 않게 되고, 당연히 그 프로그램은 신뢰성이 떨어져.** 코드는 남아 있지만 이 코드가 실행이 된 건지 아닌 지조차 알 수 없는 애매한 상태가 되는 거지. 이런 애매한 코드는 쓰레기 코드라고 해.

악마씨　쓰레기로 예술 작품을 만들 수도 있어.

천사양　무언가를 새롭게 만들려면 에너지가 필요해.

래머군　그러면 if문 대신에 들어간 Trace.Assert 메서드는 뭐하는 거야? 이것도 조건 판정 아니야?

천사양　'0 이외의 값으로 호출해야 합니다'하고 처리 의도를 알려주는 것 뿐이야.

래머군　만약 0으로 호출한다면?

천사양　어설션(assertion)이 발생해서 프로그램이 멈춰 버려. 멈추기 때문에 정상적으로 동작하지 않는다는 것을 알 수 있지. 일종의 디버깅 기능이야.

악마씨 🐲 어설션의 Trace.Assert 메서드 대신에 Debug.Assert 메서드[1]를 사용하면 안 되나?

천사양 😇 디버그 모드로 빌드할 때만 경고를 확인하고 싶다면 그것도 괜찮아.

래머군 😃 만약에 0 이상을 판정한 다음 100 이상을 다시 판정한다면 그때도 똑같은 문제가 발생할까?

천사양 😇 응. 0 이상의 데이터 판정에 문제가 있다면 100 이상의 조건을 만족하는 데이터에도 당연히 문제가 있는 거야. 무의미한 판정이지.

래머군 😃 참일 때 실행되는 코드가 영원히 실행되지 않는다는 말이지?

악마씨 🐲 그런데 천사양, 우리 관계에도 버그가 발생한 것 같아. 같이 술 한잔 하면서 디버깅 안 할래?

천사양 😇 '천사는 악마와 친구가 될 수 없다'는 어설션 때문에 그건 불가능해.

래머군 😃 버그는 결함이지만 어설션은 사양이라는 얘기구나.

---

1 Trace.Assert와 Debug.Assert는 모두 특정 조건을 만족하는지 디버깅하는 메서드로 해당 조건을 만족하지 않으면 처리가 중단된다. 단, Trace.Assert와 달리 Debug.Assert는 릴리즈 모드로 빌드할 때는 무시된다 – 옮긴이.

4.9
비정상 종료 시 치명적인 처리를
중단하지 않는 코드

사건의 시작

래머군 😊 using문은 참 편리해. 여기저기에 IDisposable 인터페이스로 구현한 코드가 널려있어.

악마씨 😈 맞아. 진짜 편해.

천사양 😇 그런데 표정은 기쁘지 않은 것 같은데?

래머군 😊 사실 코드에 문제가 좀 있어.

래머군의 요청

래머군 😊 이 프로그램은 처리를 지속할 수 없을 때 처리를 중단하고 메서드를 끝내야 해. 좀 더 정확히 말하면, 처리를 중단하고 메서드를 종료하고 싶어.

```
using System;

class Counter
{
    public int Count { get; set; }
}

class Sample : IDisposable
{
    private static Counter count = new Counter();
```

```
    public Sample()
    {
        count.Count++;
    }
    public bool Work()
    {
        count = null;
        return false;
    }
    public void Dispose()
    {
        count.Count--;
    }
}

class Program
{
    static void Main(string[] args)
    {
        using(var s = new Sample())
        {
            if(!s.Work())
            {
                // fatal error 처리를 지속할 수 없는 상태
                return;
            }
        }
    }
}
```

래머군 하지만 중단하고 싶은 코드가 실행되면서 예외가 발생해.

- 무엇이 문제인가?

- 어떻게 수정해야 하는가?

- 재발 방지책은 있는가?

(※Main 메서드만 수정)

```
static void Main(string[] args)
{
    var s = new Sample();
    if(!s.Work())
    {
        // fatal error 처리를 지속할 수 없는 상태
        return;
    }
    s.Dispose();
}
```

래머군   뭐가 잘못된 거야?

악마씨   using문은 종료될 때 반드시 Dispose 메서드를 호출하지만, 비정상적으로 종료되면 호출하지 않아. 예외가 발생하기 때문이지.

래머군   수정 방법은?

악마씨   using문을 버리는 거야.

래머군   재발 방지책은?

악마씨   using문 금지하기.

래머군   나는 처리가 어떻게 중단되든지 상관없이 확실한 종료 처리를 구현하고 싶단 말이야.

악마씨   글쎄….

 천사양의 답

(※ Dispose 메서드만 수정)

```
public void Dispose()
{
```

```
        if(count != null) count.Count--;
    }
```

래머군   🙂 뭐가 문제였어?

천사양   😇 using문은 종료될 때 반드시 Dispose 메서드를 호출하지만, 항상 처리가 가능
하다고는 할 수 없어.

래머군   🙂 수정 방법은?

천사양   😇 처리가 불가능할 때는 아무런 처리도 하지 않고 빠져나가야 해.

래머군   🙂 재발 방지책은?

천사양   😇 Dispose 메서드나 try 구문의 finally 절이 항상 정상적으로 호출될 거라고 가
정해서는 안 돼. 즉, 중간에 처리가 멈출 때도 호출되도록 하면 돼.

 결말

천사양   😇 Dispose 메서드나 finally 절은 어떤 방법으로 블록을 빠져나가든 반드시 호출
되는 편리한 기능이지만, 반대로 말하면 비정상적일 때도 호출된다는 얘기지.

래머군   🙂 예를 들면?

천사양   😇 파일을 닫을 때 버퍼에 남아있는 데이터를 기록한다고 가정해봐. 이때 디스크
에 남은 용량이 0이면 종료 처리가 실행되지 않아.

래머군   🙂 왜?

천사양   😇 버퍼에 남은 데이터를 기록할 용량이 부족하기 때문이지. 종료 처리가 예외를
발생시키거든. 다시 말해서, 닫는 처리(종료 처리)는 영원히 실행되지 않아.

래머군   🙂 알겠어. 종료 처리는 실행 가능한 것만 고려해서 작성해야 한다는 말이지?

악마씨   😈 하지만 using이나 finally를 사용하지 않는 방법도 있잖아.

천사양   😇 맞아. 하지만 코드가 복잡해질 수 있어.

래머군   🙂 그런데 악마씨와 천사양의 관계도 비정상적인 것 같아.

악마씨 　 웬일로 바른말을 하는데. 천사양도 어서 나에게 마음을 여는 게 어때?

천사양 　 무슨 소리야. 우리 관계는 정상이야.

악마씨 　 그런 말 하지 말고 나를 받아줘. 내가 멋진 Count 변수를 줄게.

래머군 　 그래, 좀 받아줘.

천사양 　 싫어.

래머군 　 왜?

천사양 　 내용이 null이기 때문에 사용하려고 하면 예외가 발생해.

래머군 　 그러네. 거기서 예외가 발생하면 종료 처리까지 가지도 못하겠다.

악마씨 　 그럴 리가!

내 이름은 도빈. 오늘도 배드맨과 함께 배드 모빌을 타고 제로섬 시티를 순찰하고 있다.

이런. 저기 또 악당이 나타났군.

"와하하하. 나는 진정한 비동기맨이다. 어떤 요청(리퀘스트)이든 바로바로 처리하지."

큰일 났다. 배드맨의 공격이 모두 무용지물이다. 아무리 CreateTable 메서드를 호출해도 BeginCreateTable 메서드가 호출돼서 테이블이 작성되지 않고 돌아온다.

"와하하하. 나에게는 무적의 비긴(begin) 기술이 있다."

하지만 배드맨은 악당을 비웃고 있다.

"내가 그 무적의 비긴 기술을 깨주지."

"뭐라고!?"

그때 나는 깨달았다. 작성되지 않았다고 생각했던 테이블이 작성돼 있었다.

"지금이야, 도빈. EndCreateTable 메서드를 호출해서 처리를 종료하는 거야."

"안 돼!!!"

"너의 운명은 여기까지다!"

나는 배드맨에게 물었다.

"대체 무슨 일이 벌어진 거죠?"

"Begin으로 시작하는 메서드는 아무런 처리도 하지 않고 반환되는 메서드가 아니야. 사실은 비동기 처리를 시작하는 고급 메서드야. 따라서 바로 결과를 반환하지는 않지만, 실제로 처리는 진행 중인 거지."

"알았어요. 끝나면 End로 시작하는 메서드로 처리를 종료하면 되겠네요."

"그래 맞아. 시스템 부하를 줄여 주는 Begin 비동기 메서드가 있다면 활용하도록 해."

"그러면 우리도 이름을 배드맨이 아닌 배드맨 비긴즈로 바꾸는 게 어떨까요?"

"하하하. 그렇게까지 할 필요는 없어."

끝까지 싸워 배드맨 비긴즈. BeginBadMan이 구현될 날도 얼마 남지 않았어. 하지만 사용할 때는 EndBadMan 메서드로 처리를 반드시 종료해야 하니 주의가 필요해. 배드맨을 호출할 때는 한밤중에 하늘을 향해 배드맨 신호를 보내!

4.10
무횻값을 자주 사용하는
데이터 설계

 사건의 시작

래머군 😐 이 코드 괜찮은 걸까?

악마씨 😈 맨날 고민만 하는 청년이어. 나에게 다 얘기해봐.

래머군 😐 대량의 테스트 데이터 파일을 생성하는 코드인데, 일단 생성만 되면 된다는 식으로 작성돼 있어.

악마씨 😈 뭐가 맘에 안 드는데?

래머군 😐 파일명으로 사용할 수 있는 문자가 있고 그렇지 않은 것이 있는데, 그런 건 개의치 않고 무조건 루프를 돌려서 파일을 생성해. 비효율적이지 않아?

천사양 😇 한 번만 실행하고 적당한 시간에 처리가 끝나도 되는 프로그램이라면 그렇게 작성하는 사람도 많아.

 래머군의 요청

래머군 😐 이게 문제의 코드야.

```
using System;
using System.Linq;
using System.IO;

class Program
{
```

```
static void Main(string[] args)
{
    DateTime start = DateTime.Now;
    int count = 0;
    for(int i = 0; i < 10; i++)
    {
        foreach(var item in Enumerable.Range(0, 128).Select(c => (char)c))
        {
            try
            {
                File.WriteAllText(item.ToString(), "DUMMY");
            }
            catch(Exception)
            {
                count++;
            }
        }
    }
    Console.WriteLine("Fail to create file {0} files", count);
    Console.WriteLine(DateTime.Now - start);
}
```

래머군 😀 실행하면 다음과 같은 결과가 나와.

실행 결과(시간은 래머군 PC의 비주얼 스튜디오로 디버그한 시간 기준)

```
Fail to create file 430 files
00:00:04.5470372
```

래머군 😀 불필요한 코드가 많은 것 같은데….

- 불필요한 코드를 줄이면 빨라지는가?

- 불필요한 코드를 어떻게 줄일 수 있을까?

악마씨의 답

```
using System;
using System.Linq;
using System.IO;
using System.Collections.Generic;

class Program
{
    static void Main(string[] args)
    {
        DateTime start = DateTime.Now;
        int count = 0;
        var badlist = new List<char>();
        for(int i = 0; i < 10; i++)
        {
            foreach(var item in Enumerable.Range(0, 128).Select(c => (char)c))
            {
                if(badlist.Contains(item)) continue;
                try
                {
                    File.WriteAllText(item.ToString(), "DUMMY");
                }
                catch(Exception)
                {
                    badlist.Add(item);
                    count++;
                }
            }
        }
        Console.WriteLine("Fail to create file {0} files", count);
        Console.WriteLine(DateTime.Now - start);
    }
}
```

```
Fail to create file 43 files
00:00:00.8593544
```

래머군 😊 어떻게 했길래 빨라졌지?

악마씨 👿 한 번 작성에 실패한 파일명은 두 번째 작성할 때도 실패해. 그래서 해당 파일을 기억했다가 아예 작성하지 않게 했어.

래머군 😊 그래서 빨라졌구나.

악마씨 👿 악마님의 능력을 이제 알겠지?

래머군 😊 근데 이건 테스트 프로그램이라서 시간 확인용으로 루프를 넣은 거고, 실제로 똑같은 이름의 파일을 계속 만들지는 않아.

악마씨 👿 그래?

 천사양의 답

```
using System;
using System.Linq;
using System.IO;

class Program
{
    static void Main(string[] args)
    {
        DateTime start = DateTime.Now;
        int count = 0;
        for(int i = 0; i < 10; i++)
        {
            foreach(var item in Enumerable.Range(0, 128).
                Select(c => (char)c).Except(Path.GetInvalidFileNameChars()))
            {
                try
                {
```

298

```
                File.WriteAllText(item.ToString(), "DUMMY");
            }
            catch(Exception)
            {
                count++;
            }
        }
    }
    Console.WriteLine("Fail to create file {0} files", count);
    Console.WriteLine(DateTime.Now - start);
    }
}
```

실행 결과(시간은 래머군의 PC 기준)

```
Fail to create file 20 files
00:00:00.6406534
```

래머군 　순식간에 4.5초에서 0.6초로 줄었네! 몇 배나 빨라졌어.

천사양 　**파일 생성에 실패하면 예외를 발생한다는 발상 자체가 잘못됐어.** 이전에도 말했지만, 예외 처리는 무거운 작업이기 때문에 자주 하게 되면 스스로 무덤을 파는 것이나 마찬가지야.

래머군 　처음부터 예외가 발생하지 않도록 설계해야 겠구나.

천사양 　예외가 발생하지 않도록 설계하는 방법을 생각하는 것보다는 **처음부터 무효한 데이터를 제외하는 것이 중요해.**

래머군 　천사양은 어떻게 수정했어?

천사양 　Path.GetInvalidFileNameChars로 무효한 문자 목록을 가져와서 이를 Except 메서드로 제외해 버렸어.

래머군 　처음부터 파일을 작성하지 않도록 했구나. 그런데 파일 작성에 실패한 파일이 아직도 20개나 있네?

천사양 　단일 공백(스페이스)과 단일 마침표는 파일명으로 사용할 수 없기 때문이야. 파일명에 사용할 수는 있지만, 문자만 단독으로 사용할 수는 없어.

래머군　그래서 예외를 캐치할 필요가 있는 거고.

천사양　단, 이런 경우가 정말로 드물기 때문에 허용되는 방법이란 걸 기억해둬. 자주 발생한다면 다른 방법을 찾아야 해.

 ## 결말

래머군　그래서 결론은 뭐야?

천사양　무효한 데이터는 처음부터 제외해야 해. 예를 들어 좌표로 거리를 계산한다면 좌푯값이 없는 데이터는 거리를 계산할 수 없으니까 처음부터 제외하는 게 효율적이야. 물론 용량도 줄일 수 있고.

래머군　그냥 예외를 발생하지 않는 것과는 다른 얘기네?

천사양　응. 좋은 점을 얘기하자면 용량을 낭비하지 않으니까 그만큼 빠르게 처리할 수 있어.

래머군　무슨 말인지 알겠어. 불필요하게 많은 데이터를 처리하지 않도록 주의할게.

악마씨　그래. 불필요한 것은 하지 마. 정말로 가치 있는 것만 실행해.

래머군　정말로 가치 있는 게 뭔데?

악마씨　천사양 데이트하자. 후보 리스트 하단이겠지만, 내 이름도 있지 않아? 제발 한 번만 해줘.

천사양　싫어. 처음부터 악마씨는 무횻값이라서 후보 리스트에서 제외됐는걸.

래머군　저런….

비주얼 스튜디오 문제

5.1
편리한 확장 기능을
사용하지 않는 문제

 사건의 시작

래머군 　코드에 엄청난 양의 고유 문자열을 넣으라는 요청을 받았는데 어떻게 해야 할
지 모르겠어.

악마씨 　적당히 아무 문자열을 작성하면 되는 거 아니야?

래머군 　그렇게 하면 중복된 문자열이 생길 수도 있잖아.

천사양 　고유한(중복되지 않는) 문자열이라는 조건이 붙으면 문제가 복잡해지지.

 래머군의 요청

래머군 　다음과 같이 코드에 고유 문자열을 넣어야 해.

```
public const string CurrentScenarioFlagId =
                         "{5bf09dc6-42e5-46f6-b199-df1c4961ded2}";
public const string EntracePlaceId = "{71621e52-26da-488b-b4dc-d2880f7bf359}";
public const string EntraceAreaId = "{44440ad2-d8d6-45a5-9205-af54c28029}";
public const string FirstPageScenarioId =
                         "{17a9fcd7-64ac-46f5-afa7-8c23195fe397}";
```

악마씨의 답

악마씨 고유 문자열 생성자를 만들면 되잖아.

래머군 고유 문자열을 그렇게 쉽게 만들 수 있는 거야?

악마씨 간단해. 카운터 하나만 있으면 절대로 중복되지 않는 이름을 만들 수 있어. id1, id2, id3… 이렇게.

래머군 시스템 문제로 카운터 값이 초기화되면?

악마씨 적당한 값을 선택해서 다시 시작하면 되지.

래머군 그건 좀 위험한데.

천사양의 답

천사양 이 책의 저자가 만든 GuidInserter2라는 확장 기능이 있어. 그걸 사용해봐.

래머군 나는 비주얼 스튜디오만 써서 다른 툴 사용법은 몰라.

천사양 걱정 마. 비주얼 스튜디오 확장 기능이니까.

래머군 그런 게 있어?

천사양 도구 메뉴에서 **확장 및 업데이트**를 눌러봐. 엄청나게 많은 확장 툴들이 보일 거야. 여기서 필요한 것들을 골라서 설치하면 개발 효율을 높일 수 있어.[1]

래머군 와~ 많다. GuidInserter2는 수많은 툴 중 하나에 불과하네.

결말

래머군 궁금한 게 하나 있어.

천사양 뭔데?

1　비주얼 스튜디오 Express 버전에서는 GuidInserter2가 동작하지 않기 때문에 검색이 되지 않는다 – 옮긴이.

▼ 다양한 확장 툴

래머군 　확장 기능이 이렇게 많다는 것은 이런 툴을 쉽게 만들 수 있단 얘기야?

천사양 　Visual Studio SDK를 사용하면 쉽게 만들 수 있어.

래머군 　내 주변에는 한 명도 이런 툴을 만드는 사람이 없는데.

천사양 　그건 Visual Studio SDK 정보가 대부분 영어라서 그래. 영문 자료에 익숙한
사람이라면 기본 자료만으로도 충분히 만들 수 있어. 하지만 영어에 그다지 관심이
없는 사람들에게는 외면당하고 있지.

래머군 　왜 우리말 정보는 적은 거야?

천사양 　우리말 사용자 수에 비해 정보량이 방대하기 때문이야.

래머군 　정보량은 왜 그렇게 방대한 거야?

천사양 　다양한 기능을 자랑하는 비주얼 스튜디오를 내부에서부터 조작하는 툴이다 보
니 그만큼 다루는 기능도 방대한 거지.

악마씨 　나도 질문이 있어.

천사양 　뭔데?

악마씨 내가 만든 고유 문자열 생성자도 비주얼 스튜디오에 통합할 수 있어?

천사양 응, 가능해.

악마씨 그럼 나도 세계로 뻗어 나갈 수 있다는 의미네?

천사양 뭐, 그럴 수도.

악마씨 진짜? 그러면 이용자 환경을 파괴하는 악마 툴을 만들어야지!

천사양 그건 아마 등록 단계에서 거부당할 걸? 그리고 그런 툴은 아무도 사용할 것 같지 않은데?

악마씨 ….

래머군 기왕 만드는 거 다른 사람에게 도움이 되는 툴을 만들어야지.

5.2
편리한 확장 기능을
과하게 사용하는 문제

 사건의 시작

래머군 　개발 프로젝트를 함께 하고 있는 동료의 PC를 봤는데, 비주얼 스튜디오의 메뉴 모양이나 구성이 전혀 다르더라고. 동작도 너무 느리고. 왜 그런지 알아?

악마씨 　비주얼 스튜디오 버전이 예전 것이라서 그런 거 아니야?

천사양 　잠깐만. 비주얼 스튜디오는 개발 플랫폼이야. 그 위에 무엇을 놓느냐에 따라 전혀 다른 프로그램이 될 수도 있어.

 래머군의 요청

래머군 　상황을 정리하자면 다음과 같아.

- 특정 PC에 있는 비주얼 스튜디오의 메뉴 형태와 기능이 다르다.

- 사양이 같은 PC에서도 해당 비주얼 스튜디오가 설치된 것만 속도가 느리다.

- 물론 비주얼 스튜디오는 설정을 변경할 수 있기 때문에 외형이 다른 것은 이해가 되는데 기능까지 많이 다르다.

- 어느 정도의 변경은 허용하지만, 너무 마음대로 변경해버리면 해당 PC를 사용할 수 없으므로 효율이 떨어진다.

- 무엇보다 해당 PC만 처리 속도가 느리면 전체 작업 효율이 떨어질 수 있다.

래머군 　원인과 대책을 알고 싶어.

악마씨의 답

악마씨   같은 비주얼 스튜디오인데 속도가 다른 이유는 PC가 고장났기 때문이야. 아니면 개발 환경이 망가졌거나. 일단 다 지운 후에 다시 설치하는 게 어때?

래머군   전부 다시 설치하려면 꼬박 하루는 걸려.

천사양의 답

천사양   화면 좀 보여 줘.

래머군   여기.

천사양   호호호. 이 사람 Productivity Power Tools를 설치했네.

래머군   어떻게 알았어?

천사양   이 툴을 설치하면 코드에 표시되는 선이 많아지거든.

▼ Productivity Power Tools를 사용했을 때

▼ Productivity Power Tools를 사용하지 않았을 때

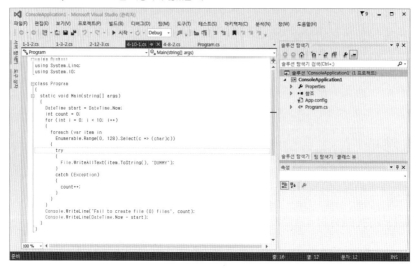

래머군　😊　아하. 들여쓰기 선이 표시돼서 코드를 쉽게 읽을 수 있다는 거지?

천사양　😇　맞아.

래머군　😊　그런데 편리한 기능이라면 넣는 게 좋은 거 아니야?

천사양　😇　이 PC에는 확장 기능이 너무 많이 설치돼 있는 게 문제야. 당연히 시스템이 느려질 수밖에. 나중에 다 쓸 데가 있겠지 싶어서 이것저것 막 설치한 것 같은데, 정말 사용할지는 미지수야.

래머군　😊　왜?

천사양　😇　**설치한 사실을 잊어버리고 영원히 사용하지 않을 가능성이 있어.**

래머군　😊　설마!

천사양　😇　정말로 사용할 것만 남겨두고 나머지 확장 기능은 삭제하는 것이 좋아.

　결말

악마씨　👿　이것 좀 봐. 확장 기능을 100개나 사용했어. 세계 최강의 비주얼 스튜디오 완성!

천사양　😇　그러면 설치한 툴의 이름이랑 각각의 사용법을 설명해봐.

악마씨 잊어버렸어.

래머군 이제 알겠다. 설치 사실을 잊어버릴 정도의 확장 툴은 시스템을 느리게 만들 뿐이지 생산성에는 전혀 이바지하지 못하는 구나?!

천사양 참, 오랜만에 시간이 나서 악마씨가 정한 데이트 장소에 갔는데 악마씨가 없더라고.

악마씨 이런! 잊어버렸다.

래머군 다시 없을 기회였는데 왜 약속을 잊어버린 거야?

악마씨 그거야 천사양이 맨날 안 오니까… 러브레터 보낸 사실조차 잊어버렸지.

래머군 확장 기능과 러브레터는 넣은 것을 잊어버리면 아무런 도움이 안 돼. 오히려 방해만 되지.

5.3

F1 을 사용하지 않는 문제

사건의 시작

래머군 큰일이야. API 설명글이 너무 산만해서 도무지 무슨 말인지 모르겠어. 샘플 코드에는 계속 컴파일 오류가 발생하고. 내가 봐도 문법이 이상하다니까.

악마씨 잠깐만. 왜 자바 매뉴얼을 보고 있어?

래머군 헉, 그러네.

악마씨 자네 C# 추종자라고 자랑하고 다녔잖아. 왜 자바 매뉴얼을 보는 거야?

래머군 검색하니까 이 문서가 나왔거든.

천사양 가끔 이름이 똑같은 API도 있어. 하지만 기술 사양이 다르기 때문에 다른 자료를 보면 안 돼.

래머군의 요청

래머군 어떻게 하면 호환성이 없는 기술 사양서가 아닌 제대로 된 사양서를 찾을 수 있을까? C#이니까 닷넷 프레임워크와 관련된 정보만 보고 싶어.

악마씨의 답

악마씨 검색 엔진으로 검색할 때 키워드에 C#도 포함시켜.

래머군   아, 그렇게 하면 자바와 관련된 결과들은 제외되겠네?

천사양   하지만 C#과 자바를 모두 다루는 사이트도 있기 때문에 검색 결과가 섞일 수 있어.

 천사양의 답

천사양   비주얼 스튜디오에서 **원하는 키워드에 커서를 두고** `F1` **을 누르면 돼.**

래머군   그러면 어떻게 되는데?

천사양   공식 API 매뉴얼 페이지가 열려. 물론 관련 페이지가 없는 경우는 빼고.

악마씨   페이지가 열리지 않는 대표적인 예는?

천사양   자신이 만든 변수명 같은 거지.

래머군   당연히 설명이 있을 리가 없지.

 결말

천사양   표준 API 관련 도움말이 필요하다면 일단 `F1` 을 누르면 돼.

래머군   보통 윈도 애플리케이션에서 도움말 기능을 사용할 때랑 똑같구나.

천사양   응, 이를 바꿔서 생각하면 어떤 기능의 도움말을 제공할 때는 `F1` 을 누르면 도움말이 표시되도록 하면 돼. 직감적으로 도움말 사용법을 아는 사용자들이 있거든.

악마씨   맞다, 나 이번에 F1 대회에 나가. 천사양 레이싱걸 할래? 섹시한 옷 입고 우산 들고 서 있으면 돼.

래머군   악마씨가 F1에 나간다니 대단한데. 처음으로 악마씨가 존경스러워.

천사양   그게 아냐. 자동차 대회가 아니라 `F1` 빨리 누르기 대회야. 지옥 지부 예선에서 1등 해서 나간대.

악마씨   어험.

래머군   그래도 예선을 통과했다니 대단하네.

천사양 출전한 사람이 한 명밖에 없어서 부전승이래.

래머군 뭐야?

악마씨 ㅎㅎㅎ.

5.4

⌨F1⌨ 에 의존하는 문제

사건의 시작

래머군 😵 큰일이야. API 설명이 거의 없어. 아무리 찾아도 찾을 수가 없네.

악마씨 😈 이봐, 무슨 말 하는 거야?

래머군 😵 ⌨F1⌨ 을 눌렀는데도 유익한 정보가 안 나와.

천사양 😇 자주 있는 일이지.

래머군 😵 정말? 자주 있는 일이야?

래머군의 요청

래머군 😵 이런 문제가 있어.

- ⌨F1⌨ 을 눌렀는데 아무것도 나오지 않는다.

- 무언가 나와도 내용이 없다.

- 원인은 무엇인가?

- 대책은 무엇인가?

악마씨 `F1`만으로는 부족하다면 `F2`를 사용해.

래머군 그건 도움말 기능이 아닌데?

악마씨 농담이야. 그럴 때는 마이크로소프트사의 고객 지원 페이지에 가서 인시던트 (incident)를 사용해서 물어봐.

래머군 인시던트가 뭐야?

악마씨 질문할 수 있는 권리 같은 거랄까? MSDN 회원 가입을 하면 몇 개 받을 수 있어.

래머군 난 하나도 없어.

악마씨 괜찮아. 돈만 내면 살 수 있어.

래머군 이런 자잘한 API 하나 때문에 유상 지원을 받고 싶지는 않아.

천사양 신기술이나 독립적으로 개발되는 라이브러리들은 MSDN에 문서가 없을 가능성이 커. 만약 그런 API를 접했다면 그만큼 최신 기술을 사용하고 있다는 증거지.

래머군 대책은 뭐야?

천사양 **일반 검색 엔진**을 사용해. 다른 기술과 섞이지 않게 키워드에 C#을 같이 넣어서.

래머군 그건 다시 원래 방법으로 돌아가는 거잖아.

천사양 그렇지 않아. 신기술일수록 오히려 공식 사이트나 개인 블로그에 정보가 더 많거든. 그런 정보를 찾을 때는 `F1`이 아니라 일반 검색 엔진을 사용해야 돼.

래머군 대부분 다른 기술 정보와 섞여 있지 않아?

천사양 그렇긴 해. 하지만 검색할 때 키워드에 좀 더 신경쓰고 검색 결과를 눈으로 확인하면서 좁혀나가는 수밖에 없어.

결말

악마씨 🐺 결국 F1 을 사용해야 돼. 말아야 돼?

천사양 😇 System.Text.StringBuilder 클래스처럼 오래되고 안정된 기능은 F1 을 사용하는 것이 좋아. 하지만 Azure SDK(예를 들어 Microsoft.WindowsAzure.Storage.CloudStorageAccount.CreateCloudBlobClient)와 같은 기능은 F1 에 의존하지 않는 게 더 나아. 다만, 항상 상황은 변하기 때문에 사용하지 말라고 단정 지을 수는 없어.

래머군 😊 즉, 임기응변이 필요하다는 말이네.

천사양 😇 그래. 원하는 정보가 없을 때는 방법을 바꾸면 돼.

악마씨 🐺 그런데 오래되고 안정돼 보이는 남자보다 신선한 남자가 더 끌리지 않아?

천사양 😇 지금 젊음을 강매하는 거야?

래머군 😊 그러고 보니 악마씨는 몇 살이야?

악마씨 🐺 알면 놀랄걸. 나 14살.

래머군 😊 자칭 말고. 진짜 몇 살이야?

악마씨 🐺 10만…31살. 빨리 천사양 나이도 물어봐.

래머군 😊 안 물을래. 그건 실례거든.

악마씨 🐺 차별쟁이!

5.5

NuGet을 사용하지 않는 문제

 사건의 시작

래머군 🙂 프로젝트가 참조하는 DLL 버전이 오래됐다고 무시당했어. 어떻게 하면 좋을까?

악마씨 😈 새로운 버전으로 교체하면 되잖아.

래머군 🙂 그걸 매번 수동으로 하려면 너무 번거로워.

 래머군의 요청

래머군 🙂 프로젝트가 참조하는 라이브러리 버전을 가능한 한 최신 버전으로 유지하고 싶어. 단, 확인 없이 멋대로 바뀌는 건 곤란해. 담당자이기 때문에 확인 후에 업데이트하고 싶어.

 악마씨의 답

악마씨 😈 자바스크립트라면 네트워크를 거쳐서 최신 버전을 참조하는 방법이 있어.

래머군 🙂 어떻게?

악마씨 😈 다음과 같이 항상 최신 버전을 참조하는 URL이 있어.

http://code.jquery.com/jquery-latest.min.js

래머군 　하지만 나는 C# 추종자라서 그 방법은 사용할 수 없어.

악마씨 　결국 라이브러리를 최신 버전으로 유지하려면 수동으로 교체하는 수밖에 없어.

천사양의 답

천사양 　**NuGet으로 참조하면 돼. 클릭 몇 번만으로 최신 버전을 참조할 수 있어.**

래머군 　그런 꿈의 기능이 있단 말이야?

천사양 　물론이지. **도구 메뉴의 NuGet 패키지 관리자 → 솔루션용 NuGet 패키지 관리**
를 선택하면 간단하게 **각종 패키지를 검색해서 도입하거나 패키지 버전을 업데이
트하고 삭제할 수 있어.**

래머군 　구체적으로 어떤 패키지가 있어?

천사양 　자바스크립트용도 많지만, 닷넷 프레임워크 기반의 패키지도 많아.
EntityFramework나 Json.NET, ASP.NET Web API 등등.

▼ 상당한 양의 패키지 종류. 검색은 필수

래머군 　종류가 어마어마하네.

천사양 　검색은 필수야. 눈으로 찾기란 거의 불가능에 가까워.

래머군 NuGet 정말 끝내주는 기능이야!

악마씨 하지만 항상 최신 버전이어도 좀 문제 있는 거 아니야?

천사양 업데이트 버튼을 누르면 최신 버전으로 변경되지만, 버전을 지정해서 패키지를 설치할 수도 있어.

악마씨 일일이 패키지 버전이나 의존 관계를 조사하려면 엄청 귀찮을 것 같은데.

천사양 의존 관계나 버전 정보도 다 있기 때문에 그런 문제는 알아서 해결돼.

악마씨 NuGet 만세!

래머군 NuGet 만세!

악마씨 NuGet이 너무 훌륭해서 NuGet 축제에 천사양을 초대하고 싶어.

천사양 무슨 축제야?

악마씨 업데이트하면서 나랑 데이트하는 거야.

천사양 업데이트가 성공하면 생각해볼게.

악마씨 이런…. 패키지를 너무 많이 설치해서 업데이트가 끝나질 않아.

5.6

NuGet을 사용할 수 없는 문제

사건의 시작

래머군 　큰일났어. NuGet으로 업데이트했더니 프로그램 컴파일이 안 돼. 어떡하지?

악마씨 　그런 바보 같은 짓을 하다니!

천사양 　종종 있는 일이야.

래머군의 요청

래머군 　이해가 안 되는 것들을 정리해봤어.

- 프로젝트에 10~20개 정도의 NuGet 패키지가 등록돼 있다.

- 업데이트 가능한 모듈이 늘어서 한꺼번에 업데이트했다.

- 결과적으로 현재 컴파일이 안 된다.

- 단순히 업데이트만 했을 뿐인데 왜 이런 문제가 생겼을까?

- 대책은 무엇인가?

악마씨의 답

악마씨 　NuGet님께 치킨 너깃이라도 바쳐서 노여움을 가라앉혀야 해.

천사양 　NuGet은 뉴겟 또는 누우겟이나 누겟이라고 발음하는데, 너깃이라고 부르진 않아.

악마씨 당했다!

 천시양의 답

천사양 업데이트에 항상 호환성이 보장된다고 할 수는 없어. 신버전의 릴리즈 노트를 읽고 호환이 되는 지 확인해야 해.

래머군 하지만 어떤 패키지의 릴리즈 노트를 봐야 되는지 모르겠어.

천사양 **모듈 업데이트는 하나씩.** 기본 중의 기본이야. 업데이트한 모듈이 한 개라면 **해당 모듈의 릴리즈 노트를 확인하면 돼.** 잘 모를 때는 확인할 대상의 범위를 좁히면 해결책을 쉽게 찾을 수 있어.

래머군 모두 업데이트 버튼이 편하긴 하지만, 실제로는 좀 위험한 것 같아.

악마씨 이런, 하나만 업데이트하려고 했는데 의존 관계인 패키지까지 전부 업데이트돼 버렸어!

천사양 **의존 관계에 있는 것은 최종 단계부터 순서대로 업데이트할 것!** 이것도 기본이야.

래머군 의존 관계가 얽혀있는 패키지에 갑자기 손을 대는 건 자멸하는 길이라는 얘기지?

 결말

악마씨 패키지 하나를 업데이트하고 동작 여부를 확인하고 다시 패키지 하나를 업데이트하고… 이건 너무 번거로운 작업이야.

천사양 그건 맞아. **NuGet의 어두운 면**이기도 하니 기억해둬.

래머군 NuGet에도 어두운 면이 있어?

천사양 물론이지. 의존 패키지가 적으면 편리하겠지만, **의존 모듈이 늘어나면 버전 간 의존 관계가 얽히고 얽혀 결국 미궁에 빠질 수도 있거든.**

래머군 예를 들면?

천사양 의존 관계 패키지의 버전이 엄격하게 정해져 있다면 업데이트 이후에 사용할 수 없는 패키지도 생겨.

악마씨 🦇 어두운 면이라. 정말 좋은 표현이야. 마치 고향에 돌아온 느낌을 주는군.

천사양 👼 나는 어두운 세계에 빛을 비춰서 밝게 만들고 싶어.

악마씨 🦇 오, 강한 광선 때문에 내 고향이 한층 밝아졌어!

5.7
적합한 버전의 템플릿을
선택할 수 없을 때

 사건의 시작

래머군 비주얼 스튜디오에서 새 프로젝트를 만들 때 템플릿 선택 화면이 뜨잖아? 그리고 그 위에 닷넷 프레임워크 버전을 선택하는 항목도 있고.

천사양 어 맞아. 구 버전의 프레임워크도 선택할 수 있기 때문에 호환성이 중요할 때 편리하게 설정할 수 있지.

 래머군의 요청

래머군 하지만 사용하고 싶은 버전을 선택할 수 없을 때가 있어. 왜 그런 거야?

- 비주얼 스튜디오에서 새 프로젝트를 작성할 때 원하는 닷넷 프레임워크 버전이 없을 때가 있다.

- 이유를 알고 싶다.

- 대책은 있는가? 항상 최신 버전의 프레임워크를 사용할 수 있는가?

 악마씨의 답

악마씨 돈을 안 내서 그렇지 뭐. 뇌물을 줘.

래머군 그건 아닌 것 같은데.

악마씨 왜?

래머군 다른 템플릿을 사용할 때는 선택할 수 있거든.

악마씨 🐺 정말?

천사양 😇 돈 때문이 아니야.

천사양의 답

천사양 😇 여러 기술이 각각 독립적으로 개발되다 보니 기술 간에 시간 차가 생겨서 그래. 예를 들어 특정 기술의 SDK를 개발하던 중 닷넷 프레임워크 버전이 올라가면 신규 버전을 반영하지 못한 채 SDK가 출시되기도 해.

래머군 😊 그렇다면 시간이 해결해줄 것 같은데.

천사양 😇 맞아. 기다리면 해결될 기능성이 키. 어디까지나 일시적인 불일치인 거지.

악마씨 🐺 그게 해결될 즈음에는 다른 기능에서 불일치가 생기는 거 아냐?

천사양 😇 안타깝지만 맞는 말이야. 다양한 기술 개발이 개별적으로 진행되기 때문에 이들을 하나로 통합하려면 문제가 생기는 거야.

결말

래머군 😊 즉, 프레임워크의 버전이 일치하지 않을 때는 기다리는 수밖에 없는 거네.

천사양 😇 **바로 사용하고 싶다면 프레임워크 버전을 내리고 관련된 모든 프로젝트의 버전을 일치시키는 방법도 있어.**

래머군 😊 하지만 최신 버전의 프레임워크 기능을 사용할 수 없잖아.

천사양 😇 그때는 뭐가 더 중요한지 판단해야 해. 특정 기술이 중요한지 아니면 최신 버전의 프레임워크가 중요한지.

악마씨 🐺 그냥 직접 다 만들어. 프레임워크든 특정 기술의 SDK든.

천사양 😇 악마의 유혹이야. 속지 마.

래머군 😊 왜 안 되는 거야?

천사양   엄청난 수고를 들여서 겨우 완성할 때쯤이면 이미 다른 기술이 나와서 쓸모 없어질 거야. 제때 사용하려면 오래된 기술이라도 활용하는 수밖에 없어.

악마씨   그러면 1970년대의 BASIC 언어를 사용해서 해결하면 돼.

천사양   그것도 악마의 유혹이야.

래머군   왜?

천사양   더 효율적인 대체 기술이 있는데 왜 그걸 사용해?

래머군   결국 이번에도 악마씨는 아무런 역할도 못했네.

악마씨   이런….

쉬어가는 시간

굿과 배드는 종이 한 장 차이

천사양   1980년 전후에는 BASIC이라는 프로그래밍 언어가 주류였는데 여기에는 변수를 선언하는 기능이 없었어.

래머군   이상한데. 변수가 없으면 프로그램을 작성할 수 없잖아.

천사양   변수를 사용하면 동시에 변수 선언까지 이루어진다고 봤거든.

래머군   무슨 얘긴지 알겠어. a=0;과 var a=0;이 같다는 말이지?

천사양   맞아. 하지만 이 방법은 환영받지 못했어.

래머군   왜?

천사양   실수로 변수명을 잘못 적어도 오류가 발생하지 않으니 전혀 다른 변수가 만들어지고 그랬어. 버그가 생기기 쉬운 환경이었지.

래머군   그래서 어떻게 됐는데?

천사양   BASIC 다음에 유행했던 것이 C언어야. C언어는 변수를 선언하지 않으면 변수를 사용할 수 없었어.

래머군   좋아진 거네.

천사양 그렇지도 않아. C언어의 변수 선언은 함수의 앞부분에서만 가능하다는 제약이 있었거든.

래머군 번거로웠겠다.

천사양 번거롭기만 한 게 아니야. 선언 시점과 사용 시점이 떨어져 있어서 **초기화 되지 않는 변수**가 막 생기고 그랬지.

래머군 무슨 뜻이야?

천사양 처음 값을 넣기 전까지 어떤 값이 들어있는지 모르는 변수가 생긴다는 말이야. 그 당시에 프로그램이 실행할 때마다 결과가 달라지는 이상한 현상이 있었는데, 바로 이런 이유 때문이었어.

래머군 C#에는 그런 문제가 없어.

천사양 다음과 같은 C#의 특징 때문이지.

- 변수는 사용 직전에 선언할 수 있다.
- 선언할 때 반드시 0이나 null로 초기화된다.

래머군 결국 어떻게 되는 거야?

천사양 C언어처럼 모든 변수를 함수의 앞부분에 선언하는 스타일은 해당 위치에서 모든 변수를 파악할 수 있기 때문에 편리해. 하지만 초기화되지 않는 변수 문제가 있다는 것을 인식하는 순간 C언어 방식은 단점이 돼버리지.

래머군 굿(Good)이 배드(Bad)로 바뀌는 건 한순간이네.

천사양 맞아. 이렇게 좋은 요령이 잘못된 요령으로 바뀌기도 해.

래머군 **굿과 배드는 종이 한 장 차이구나.**

5.8

콘솔 애플리케이션부터
만드는 습관

 사건의 시작

래머군 😞 환경 검증 프로그램이 불량이라고 반품됐어. 아무 문제도 없는데.

악마씨 😈 래머군도 불량아였어? 담배 피우면서 수업도 빼먹고 그랬어? 아니면 혹시 돈 뺏었니?

래머군 😞 그건 다른 의미의 불량이고.

천사양 😇 자세히 얘기해봐.

 래머군의 요청

래머군 😞 다음과 같은 일이 있었어.

- 환경을 검증하는 프로그램을 만들었다.

- 내 PC에서 실행하고 확인하면 충분할 것이라 생각하고 아무 생각 없이 콘솔 애플리케이션으로 만들었다.

- 하지만 OS 버전에 따라 동작이 달라질 수 있다는 우려가 있어서 OS 버전이 다른 경리부의 A씨에게 실행을 부탁했다. 클릭해서 실행만 하면 되기 때문에 어렵지 않다.

- 이메일에 프로그램 파일을 첨부해서 A씨에게 보냈다.

- A씨에게 실행되지 않는다라는 답변을 받았다.

- 구체적으로 말하면 아무런 동작없이 순식간에 종료된다고 한다.

래머군 　원인을 모르겠어. 누가 좀 도와줘!

악마씨의 답

악마씨 　버전 간에 호환이 안 돼서 그래.

래머군 　하지만 해당 버전에서 지원되지 않는 실행 파일이라면 실행 시에 오류 메시지가 표시됐어야 해.

악마씨 　어쨌든 한 번도 실행해본 적이 없는 OS에서 프로그램이 동작하길 기대하면 안 돼. 그건 지옥으로 가는 지름길이야.

천사양 　가끔은 바른말도 하네. 악마씨가 말한 대로야.

천사양의 답

천사양 　하지만 이 경우는 다른 이유가 있어.

래머군 　다른 이유?

천사양 　그 프로그램에 입력을 기다리는 처리가 있어?

래머군 　없어. 실행만 하면 돼. 정말 간단하지.

천사양 　그 프로그램에 대기 시간은 있어?

래머군 　없어. 환경의 특정 값을 확인하는 게 다라서 실행 시간도 짧아.

천사양 　뭔지 알겠다. 경리부의 A씨는 이메일의 첨부 파일을 더블클릭해서 실행했을 거야. 그랬더니 순식간에 콘솔 화면이 닫혔을 거고. 당연히 결과는 확인하지 못했겠지. **이용자 입장에서는 아무것도 동작하지 않고 바로 종료됐다**고 생각했을 수 있어.

래머군 　아, 그랬구나.

결말

래머군 A씨에게 사과하고 WPF로 수정한 프로그램을 다시 실행해 달라고 부탁했어.

악마씨 하지만 네트워크 관리자라면 콘솔 애플리케이션을 당연하게 사용하잖아. 콘솔을 사용하지 않으면 실행할 수 없는 관리 툴도 있고.

천사양 그런 컴퓨터 전문가와 단순히 계산에 PC를 사용하는 경리 담당자와는 다르지. 모두 지식수준이 자신과 같을 거라고 단정 지으면 안 돼.

래머군 한 번만 쓰고 버릴 프로그램이라서 콘솔 애플리케이션으로도 충분하다고 생각했어. 내 생각이 짧았어.

천사양 그래. **웹 애플리케이션으로 만들거나 ClickOnce 설치 버전으로 제공할 수도** 있어야 해.

래머군 즉, **목적과 상대방의 능력을 고려하여 기술을 구분해서 사용해야 한다**는 말이지?

악마씨 나도 이번에 반성했어. 악마의 상식은 천사의 상식과 다르다는 걸 알았어. 천사양의 상식 범위에서 천사양을 꼬셔야 할 것 같아.

천사양 어떻게 꼬실 건데?

악마씨 사랑을 속삭이는 프로그램을 콘솔이 아닌 WPF로 바꿨어.

래머군 쯧쯧, 그걸로는 무리야. 악마씨는 아직 멀었어.

마치며

천사양   프로그래밍을 할 때 해서는 안 되는 것들이 이렇게 많다는 거, 래머군도 이제 알겠지?

래머군   이런저런 아픈 경험들을 통해서 많이 배웠어.

천사양   **하면 안 되는데 자주 저지르는 사례를 잘못된 요령(bad know-how)이라고 해.**

래머군   왜 잘못된 요령을 못 고치는 걸까?

천사양   여러 가지 이유가 있지.

- 지름길이라고 착각하기 때문에(그쪽으로 가라고 유혹하는 악마의 속삭임)
- 종교적 신념
- 사람에 따라 다른 방법론
- 조건에 따라서 아무런 문제가 없던 요령도 갑자기 잘못된 요령이 될 수 있어서

악마씨   악마의 속삭임이란 게 뭐야? 내가 꼭 나쁜 놈 같잖아.

천사양   나쁜 놈이잖아.

악마씨   나는 단지 편한 길로 가라고 말했을 뿐이야.

천사양   그게 나쁜 놈이야. 편해 보이는 길이 정말 편하다고 할 수는 없어.

래머군   알았어. **지름길로 보이기 때문에** 잘못된 요령을 쉽게 못 버리는 거구나.

천사양   그렇지.

악마씨   종교적인 신념은 무슨 뜻이야?

천사양   예를 들어 모든 것을 객체로 보고 클래스로 구현하는 것이 좋다고 고집하는 경우야. 프로그램이 아무리 복잡해지고 장황해져도 꼭 그 방식을

따라야 하는 거지.

래머군 😀 알겠다. 왜 이렇게 이해하기 어려운 코드를 작성했을까라고 생각한 적이 있었는데, 자신만의 신념을 계속 고집했던 거였어.

악마씨 👹 사람에 따라 다른 방법론은 뭐야?

천사양 👼 대표적으로 변수 선언 위치를 들 수 있지. 변수 선언은 앞부분에 모아서 한꺼번에 해야 한다고 주장하는 사람도 있지만, 사용하지 않는 변수가 계속 남아 있으면 바람직하지 않다고 생각해서 사용 직전에 선언하는 사람도 있어.

래머군 😀 그렇게 생각하면 변수를 어디에 선언하든지 누군가의 관점에서는 잘못된 요령이 될 수 있다는 말이네?

악마씨 👹 조건에 따라 달라진다는 것은 무슨 의미야?

천사양 👼 예를 들어 프로그램이 짧을 때는 어떻게 작성하든 큰 상관이 없어. 10줄 정도의 프로그램이라면 누가 읽든 바로 이해할 수 있거든. 하지만 **수만 줄, 수십만 줄로 늘어나면 잘못된 요령이 파괴를 하기 시작하지.** 눈에 다 들어오지 않는 방대한 코드 어딘가에 처리를 망치는 코드가 숨어있거든.

래머군 😀 그렇구나. 근처에 사는 귀여운 꼬맹이라고 생각했는데 성장해서 어엿한 범죄자가 된 거랑 같네.

천사양 👼 특히 주의해야 할 부분이야. 인터넷에서 크게 떠벌리고 다니는 사람들은 대부분 작은 프로그램만 작성하기 때문에 프로그램이 커졌을 때의 문제는 얘기하지 않아. 따라서 어떤 기술이 훌륭하다고 주장하지만, 그게 사실인지는 눈에 불을 켜고 읽어봐야 해. 대부분은 프로그램이 커지면서 결점이 드러나거든.

래머군 😀 그러면 어떤 기준으로 프로그램을 작성해야 좋을까?

천사양   코드 자체야. **읽기 쉽고 작성하기 쉬워서 유지 관리도 쉬운 코드**라면 OK야. 하지만 읽기 어렵고 작성하기도 어렵다는 생각이 든다면 코드 작성 스타일을 바꿔야 해.

래머군   알았어. **방법론보다는 코드 자체가 중요하다**는 얘기지?

악마씨   그런데 결론도 났으니까 함께 종강 파티라도 해야 하는 거 아니야? 래머군은 참석하지 못한대.

래머군   그런 말 한 적 없는데.

천사양   어떻게 하지. 오늘은 선약이 있어.

악마씨   설마 데이트는 아니지?

천사양   뭐 데이트의 일종이라고 할 수 있지.

악마씨   래머군이랑 어디 좋은 데라도 가는 거야?

래머군   누구랑 데이트하는데?

천사양   윈도 업데이트야.

악마씨   ….

천사양   래머군, 잘못된 요령에 지지 말고 열심히 해. 나 간다.

래머군   잘 가. 고마워!

잘못된 요령의 함정

천사양   주의할 점은 한 번 잘못된 요령에 발을 들여 놓으면 다시 빠져나오기가 쉽지 않다는 거야.

래머군   무슨 뜻이야?

천사양   예를 들어 잘못된 명명 규칙으로 작성하기 시작하면 중간에 규칙을 바꾸기가 어려워. 중간에 바꾸면 한 프로젝트 안에서 사용하는 명칭에 일관성이 깨지기 때문에 가독성이 떨어지거든.

래머군   그 상태를 지속해도 지옥이고, 변경해도 지옥이네.

천사양   그런 사례는 정말 많아. 예를 들어 사용하기 어려운 기술이나 이해하기 어려운 라이브러리를 사용해서 보완하는 거지.

래머군   자바스크립트의 jQuery 같이?

천사양   자바로 사내 라이브러리를 전부 정비해버려서 자바에서 벗어나기 힘들다는 사례도 있어.

래머군   그게 문제가 돼?

천사양   라이브러리를 정비해버리면 해당 라이브러리에 종속돼서 다른 프로그래밍 언어로 바꾸기가 어려워. 문제가 있다는 것을 알아도 다른 기술로 대체할수가 없어.

래머군   편리하고 익숙한 라이브러리가 있으면 오히려 문제가 있는 것을 알아도 벗어나기 어렵다는 말이구나.

천사양   그래 맞아. 사용하면 할수록 노하우가 쌓여서 다른 기술하고는 더 멀어지게 돼. 하지만 문제는 여전히 잠재돼 있지. 라이브러리가 고통은 줄여줄지 모르지만, 상처를 치료할 수는 없어. 이것 역시 일종의 잘못된 요령이야. **잘못된 요령의 함정에 빠지는 거야.**

래머군   어떻게 해야 잘못된 요령의 함정을 피할 수 있을까?

천사양   만들기 전에 먼저 조사를 해야 해. 단순히 유행하는 기술을 선택하지 말고

천천히 시간을 가지고 기술의 장단점을 분석해야 해.

래머군 　조사하는 데 조금 시간을 들이더라도 나중에 수정 작업에 드는 시간에 비하면 미미하다는 얘기지?

천사양 　맞아. 매일 사용하는 프로그래밍 언어의 장단점은 아무리 시간을 들여서 평가한들 그 가치를 따질 수가 없어. IT나 네트워크 세계에서는 거짓말은 물론 다른 사람 얘기를 그냥 가져와서 전달하는 일이 잦아. 게다가 비즈니스용 앱을 개발하는 선배의 의견은 게임을 만드는 후배에게는 큰 도움이 안 될 수도 있고. 다른 사람의 의견을 그대로 받아들이게 되면 수렁에 빠질 수 있어.

래머군 　다른 사람의 의견을 그대로 받아들이면 어떻게 되는 건데?

천사양 　저렇게 되는 거야.

악마씨 　왜? 내가 어쨌길래?

INDEX